Kurt Haberstich / Gerhard Hartmann
Wie Heilige unser Wetter bestimmen

topos premium
Eine Produktion des Verlags Butzon & Bercker

Kurt Haberstich / Gerhard Hartmann

Wie Heilige unser Wetter bestimmen

Bauernregeln und Naturweisheiten im Jahreslauf

topos premium

Verlagsgemeinschaft topos plus
Butzon & Bercker, Kevelaer
Don Bosco, München
Echter, Würzburg
Matthias Grünewald Verlag, Ostfildern
Paulusverlag, Einsiedeln (Schweiz)
Verlag Friedrich Pustet, Regensburg
Tyrolia, Innsbruck

**Eine Initiative der
Verlagsgruppe engagement**

www.topos-taschenbuecher.de

Bibliografische Information der Deutschen Nationalbibliothek
Die Deutsche Nationalbibliothek verzeichnet diese Publikation in der
Deutschen Nationalbibliografie; detaillierte bibliografische Daten
sind im Internet über http://dnb.d-nb.de abrufbar.

ISBN: 978-3-8367-0040-5
E-Pub: ISBN 978-3-8367-6098-0

2018 Verlagsgemeinschaft topos plus, Kevelaer
Das © und die inhaltliche Verantwortung liegen beim
Verlag Butzon & Bercker, Kevelaer
Umschlagabbildung: © shutterstock
Einband- und Reihengestaltung: Finken & Bumiller, Stuttgart
Satz: SATZstudio Josef Pieper, Bedburg-Hau
Herstellung: Friedrich Pustet, Regensburg
Printed in Germany

Inhalt

Vorwort ... 7

Zur Einführung ... 8

Die Entstehung unseres Kalenders ... 12
    Der Julianische Kalender ... 12
    Der Gregorianische Kalender ... 13

Was die Heiligen mit unserem Wetter zu tun haben ... 15
    Die römisch-katholische Kalenderreform 1969/70 ... 18
    Los- und Schwendtage ... 20

Das bäuerliche Arbeitsjahr ... 22

Hinweise für die Leserinnen und Leser ... 24

Januar ... 27
Februar ... 45
März ... 67
April ... 86
Mai ... 106
Juni ... 127
Juli ... 146
August ... 167
September ... 187
Oktober ... 212
November ... 229
Dezember ... 250

Alte Bauernweisheiten 270
    Schönwetterregeln 270
    Schlechtwetterregeln 273
    Gewitterregeln 277
    Allgemeine Bauernregeln 279
    Scherzregeln 284

Kalendarium 288

Heiligenregister 294

Quellenangaben und Literaturhinweise 298

Vorwort

„Wie Heilige unser Wetter bestimmen" – das ist eine auf den Punkt gebrachte Beschreibung der im Laufe von Jahrhunderten entstandenen bäuerlichen Wetterregeln. Sie wurden jeweils an bestimmten Heiligengedenktagen festgemacht, und so bekamen die betreffenden Heiligen Zuständigkeiten für den Wetterverlauf und damit auch für den Ernteerfolg. An die 2900 solcher alter Bauernweisheiten in Reimform finden sich in diesem Buch. Sie sind monats- sowie tageweise zusammengefasst. Hinzu kommen biographische Hinweise zu den betreffenden Heiligen sowie Informationen über die bäuerliche Arbeitsweise vor rund hundert Jahren.

Das Buch stellt somit eine Dokumentation von Wetterregeln und Naturweisheiten in Verbindung mit der Volksfrömmigkeit und der Heiligenverehrung dar. In Zeiten der Rückbesinnung auf die Natur sowie auf eine natürliche Lebensweise und Ernährung ist es daher ein interessantes Nachschlagewerk sowie eine Dokumentation der Erfahrungen unserer Vorfahren über das Wetter und den daraus geschlossenen Folgen für die Landwirtschaft, insbesondere für Aussaat und Ernte.

Ergänzt wird diese Darstellung durch ausführliche Erklärungen über die Lostage, die Entstehung des Kalenders, die Kalenderreformen sowie das Kirchenjahr mit seinen Festen und Gedenktagen. Ein Kalendarium sowie ein alphabetisches Heiligenregister erleichtern das Nachschlagen. Die Abbildungen im Text stammen von Kurt Haberstich.

Kurt Haberstich   Gerhard Hartmann

Appenzell und Kevelaer am Fest Mariä Lichtmess 2018

> Wenn's an Lichtmess stürmt und schneit,
> ist der Frühling nicht mehr weit.

Zur Einführung

Seit jeher spielt das Wetter eine bedeutende Rolle im Leben der Menschen. Das „schöne Wetter" hat in der heutigen Freizeitgesellschaft einen hohen Stellenwert. Der Urlaub, das Wochenende, der Sport, die Garten- bzw. Grillparty, verschiedene Events in der Familie und in der Schule sowie im Beruf u. v. a. m. hängen entscheidend davon ab. Die Wetternachrichten in den unterschiedlichen Medien genießen hohen Zuspruch; im Fernsehen haben sie sogar Unterhaltungswert. Hinzu kommen die Debatten um einen bevorstehenden Klimawandel. Wie das Wetter war, ist und sein wird, das hat einen hohen Anteil in unserer zwischenmenschlichen Kommunikation. Nicht zuletzt lautet ein abschätziges Urteil über einen anderen Menschen: „Mit dem kann man nicht einmal über das Wetter reden."

In einer Zeit, in der scheinbar alles machbar ist und man sich gegen jeden Unbill versichern kann, ist die Unbeeinflussbarkeit des Wetters ein Störfaktor, dem man hilflos ausgeliefert ist. Die Naturgewalten sind eben unberechenbar. Den üblichen jahreszeitlichen Lauf des Wetters und die gewohnte Abfolge von Sonnenschein und Regen ist man bereit zu akzeptieren. Aber beim verregneten Urlaub fängt es schon an. Und hinzu kommen die erheblichen Überschwemmungen wegen Dauerregens, die Waldbrände wegen langer Trockenheit, das Schneechaos im Winter, die Schäden aller Art nach verheerenden Unwettern usw. Nicht zu vergessen jene Menschen, die durch Wetterfühligkeit teils erheblich beeinträchtigt sind.

In der Schule haben wir jedoch bereits gelernt, dass wir nicht existieren könnten, gäbe es nicht die natürliche Abfolge von Sonnenschein und Regen. Erst dadurch konnte sich das Leben, so wie wir es kennen, entwickeln. Ebenso wissen wir, dass es mehrere Eiszeiten und in den letzten 2000 Jahren oft erhebliche Klimaschwankungen gegeben hat (z. B. die „Kleine Eiszeit" in der Frühen Neuzeit). Das sollte uns eigentlich gelassener machen.

Das Wetter beeinflusst also unser Leben – und auch unsere pflanzliche und tierische Nahrung, die durch Jagd und Sammeln sowie ab der Jungsteinzeit durch gezielten Ackerbau und organisierte Viehzucht beschafft wurde und immer noch wird. Das bezeichnen wir als Landwirtschaft, und jene, die das betreiben, Bauern. Für sie haben das Klima und das Wetter einen großen Einfluss auf den täglichen Arbeitsablauf, auf das Wachsen und Gedeihen der Tiere und der Pflanzen sowie auf die Ernte. Denn nur dann, wenn das Wetter stimmt, wenn Regen und Sonne, Wärme und Kälte zur rechten Zeit kommen oder auch ausbleiben, lässt sich erfolgreich wirtschaften.

In alter Zeit, als die Bauern noch überwiegend Selbstversorger waren und es weder Lehrbücher noch meteorologisches Wissen gab, mussten sie eine Möglichkeit finden, das Wetter besser vorhersagen zu können. Sie beobachteten daher die klimatischen Zusammenhänge am Verhalten des Windes, der Wolken, der Lufttemperatur und -feuchtigkeit sowie an der Tier- und Pflanzenwelt. Die Ergebnisse der natürlichen Signale gaben sie als Wissen von Generation zu Generation weiter. Aus diesen mündlich überlieferten Erfahrungswerten entstanden nach und nach die in oft holpriger Reimform verfassten Wetterregeln, die den Bauern ermöglichten, ihre Arbeiten, wie zum Beispiel die Aussaat und die Ernte, auf Tage zu verlegen, an denen das Wetter in der Vergangenheit beständig und dafür passend gewesen war.

Bereits in der Antike entstanden solche Regeln, und im Frühmittelalter, bei der Christianisierung der germanischen Stämme im 7. und 8. Jahrhundert, unserer Vorfahren also, wurden sie durch die Kirche weitervermittelt. Denn bekanntlich gehörte die Feld- und Gartenbaukultur schon früh zur Tätigkeit der Klöster und ihrer Mönche. Lange Zeit herrschte die Meinung vor, dass die Bauernregeln nur selten richtigliegen. Als man aber gegen Ende des 20. Jahrhunderts begann, sie statistisch zu überprüfen, und dabei auf das Entstehungsgebiet der jeweiligen Regel achtete, stellte man fest, dass die überlieferten Vorhersagen mit den meteorologischen Erkenntnissen oft recht gut übereinstimmen.

Trotzdem gilt es aber zu beachten, dass die meisten Regeln regionale Erfahrungen wiedergeben. Deswegen gibt es nicht selten gegensätzliche Sprüche, denn aus der Erfahrung und den Wetternachrichten wissen wir um die unterschiedlichen Wetterzonen im deutschsprachigen Raum. In Schleswig-Holstein sind das Wetter und die

Klimazone eben anders als in Oberbayern. Am Oberrhein haben wir in der Regel die höchsten Temperaturen. Das ist am Niederrhein ähnlich, allerdings machen sich dort wiederum die atlantischen Tiefs stärker bemerkbar. Insgesamt aber ist Nordwestdeutschland durch den Golfstrom von einem eher ausgeglichenen Klima geprägt, das östlich der Elbe so nicht herrscht. Und im Alpenraum finden wir wieder völlig andere Bedingungen. Hingegen wird Ostösterreich – das Wiener und das Grazer Becken – sehr stark vom pannonischen Klima, einer Abart des kontinentalen Klimas, beeinflusst, das eher trockene Winter und Sommer mit Temperaturextremen kennt. Dafür liegt Kärnten bereits am Rand der Zone des Mittelmeerklimas. So gesehen sind Wetter und Klima im deutschsprachigen Raum recht vielfältig.

Das alles führte zu unterschiedlichen Beobachtungen und damit oft zu widersprechenden Merksprüchen. Nicht zuletzt kam es dadurch auch zu den sog. „Scherzregeln" (siehe S. 284), denn trotz der Ernsthaftigkeit, die hinter den Bauernregeln steht, darf der Humor nicht fehlen. Allerdings ist zu beachten: Diese bäuerlichen Wetterregeln sind in ihrer nunmehrigen Form in der Hauptsache ab der Frühen Neuzeit entstanden, also ab 1500, wobei die Erfindung des Buchdrucks ihre Verbreitung förderte. Da nun diese Sprüche mit bestimmten Tagen verbunden wurden, nämlich den Lostagen, die wiederum meistens Heiligengedenktage sind (siehe dazu unten mehr), ist es ebenso wahrscheinlich, dass die Mehrzahl dieser Sprüche eher in den katholischen Gegenden des deutschsprachigen Raums entstanden ist. Und das sind in der Hauptsache der süddeutsch-österreichische-böhmische Raum, der westdeutsche Raum (Rheinland, Westfalen) sowie die katholische Schweiz.

Die vorliegende Auswahl von rund 2.900 Bauern- und Wetterregeln, bei deren Zusammenstellung weder der Herkunft, der geografischen Einteilung noch anderweitigen Klassifizierungen Rechnung getragen wurde, erhebt keinen Anspruch auf Vollständigkeit und will den jahrhundertealten Überlieferungen keine wissenschaftliche Gerechtigkeit widerfahren lassen. Vielmehr geht es darum, die für unsere Vorfahren damals lebensnotwendigen Erfahrungsregeln in gesammelter Form festzuhalten, damit sie, gerade in unserer Zeit der Rückbesinnung auf die Natur, weiterhin bewahrt bleiben.

Für die Bauern waren (und sind vielleicht noch immer) solche Weisheiten hilfreich und in gewissem Sinn sogar essentiell. Bei manchen Sprüchen schimmern auch jene Tragödien durch, die infolge eines ungünstigen Wetters entstanden sind und im Extremfall sogar zu einem totalen Ernteausfall führen konnten. Das brachte nicht nur die betreffenden Bauern mit ihren Familien in große Not, es fehlten dadurch auch Nahrungsmittel für andere. Was das bedeuten kann, wurde beim Ausbruch des Vulkans Tambora (östlich von Java, Indonesien) im April 1815 deutlich, als Napoleon gerade von seinem Exil auf Elba wieder nach Paris zurückgekehrt war. Die riesigen Mengen von Vulkanasche, die in die Atmosphäre geschleudert wurden, führten vor allem auf der nördlichen Halbkugel (Nordamerika, Mitteleuropa) zu einer erheblichen Beeinträchtigung der Sonnenstrahlung und 1816 zum „Jahr ohne Sommer", der zu massiven Ernteausfällen führte. Dadurch kam es im folgenden Jahr 1817 zu starken Steigerungen der Getreidepreise und damit zu Hungersnöten, denen viele Menschen zum Opfer fielen. Ein solches Szenarium kann sich jederzeit wiederholen, was beweist, dass wir es trotz des enormen technischen Fortschritts nicht abwenden können. Unser Leben ist tatsächlich ein „Tanz auf dem Vulkan".

Die Entstehung unseres Kalenders

Schon im Alten Orient (Babylonier, Ägypter) wurde die Zeit nach den Mondumläufen eingeteilt. Das von dem sagenhaften römischen König Romulus eingeführte Jahr zählte zehn Monate (304 Tage) und begann mit dem Monat März. Dieser Kalender ist historisch nicht belegt und höchstwahrscheinlich ein späteres Konstrukt. Seine Abweichung zum astronomischen Sonnenjahr (ca. 365 Tage), das für die Landwirtschaft und das Leben wichtig ist, zwang schon relativ früh zur Erweiterung um zwei Monate. Der Sage nach geschah dies bereits unter Numa Pompilius (angeblich 750 bis 672 v. Chr.), dem zweiten König von Rom. Von den dafür zuständigen *pontifices* (Priester) wurden zudem Schaltmonate bzw. Schalttage eingeführt. Nun zählte das römische Jahr im Durchschnitt 366,25 Tage und war gegenüber dem Sonnenjahr zu lang. Zum 1. Januar 153 v. Chr. trat eine Reform in Kraft, die das Jahr nun mit dem Monat Januar beginnen ließ. Somit stimmten auch die Amtsjahre der Beamten (*magistratus*) mit dem Kalenderjahr überein.

Der Julianische Kalender

Der Julianische Kalender wurde von Julius Cäsar im Jahr 46 v. Chr. auf Anraten des alexandrinischen Astronomen Sosigenes eingeführt und gilt als Basis für unseren heutigen Kalender. Bei dieser Kalenderreform, die am 1. Januar 45 v. Chr. in Kraft trat und – mit geringfügiger Korrektur durch Papst Gregor XIII. – bis heute gültig ist, wurde die heute übliche Zahl der Tage im Monat festgelegt. Jedes vierte Jahr wurde im Februar ein Schalttag eingefügt, um die Abweichung zwischen Sonnenjahr und Mondjahr auszugleichen. Ein

Schaltjahr hatte nun 366 Tage, ein durchschnittliches Jahr im Julianischen Kalender hatte demnach 365,25 Tage und entsprach damit beinahe dem Sonnenjahr mit 365,24219878 Tagen – so lange braucht die Erde für ihren Umlauf um die Sonne. Es blieb also nur eine minimale Abweichung, die sich jedoch bis zum 16. Jahrhundert auf zehn Tage addiert hatte. Kaiser Augustus führte im Jahre 8 n. Chr. eine Änderung der Monatslängen durch. Ursprünglich hatte der Februar 29 Tage und in Schaltjahren 30 Tage. Bei der Umbenennung des fünften und sechsten Monats des alten römischen Kalenders in Julius (Juli) und Augustus (August) wurde der Februar um einen Tag verkürzt und der August um einen Tag von 30 auf 31 Tage verlängert. Da Augustus Julius Cäsar ebenbürtig sein wollte, mussten die Monate Juli, nach Julius Cäsar, und August, nach Augustus benannt, gleich lang sein.

Das gesamte Römische Reich erkannte den Julianischen Kalender an, doch gab es von Region zu Region Unterschiede bei den Jahresanfängen.

Der Gregorianische Kalender

Da das Jahr im Julianischen Kalender gegenüber dem astronomischen Jahr um elf Minuten und 14 Sekunden zu lang ist, verschob sich der Frühjahrsanfang mit der Zeit im Kalenderjahr langsam rückwärts; im 14. Jahrhundert betrug die Abweichung bereits mehr als sieben Tage. 1582 war der Frühjahrsanfang nicht, wie im Konzil von Nicäa im Jahr 325 festgelegt, am 21. März, sondern schon am 10. März.

Bereits im 13. Jahrhundert gab es erste Vorschläge, den Kalender zu korrigieren, doch erst im Jahre 1582 kam es zu einer Kalenderreform, als Papst Gregor XIII. (Papst von 1572 bis 1585) den gegen Ende des 16. Jahrhunderts entwickelten und nach ihm benannten Gregorianischen Kalender mit der päpstlichen Bulle *Inter gravissimas* dekretierte. In dieser Urkunde stand geschrieben, dass auf den 4. Oktober 1582 unmittelbar der 15. Oktober 1582 folgen sollte. Jedoch blieb der Ablauf der Wochentage unverändert. Des Weiteren wurden die Schaltjahre so geändert, dass die Jahrhundertjahre, mit Ausnahme der durch 400 teilbaren, zukünftig keine Schaltjahre mehr sind. Das haben wir zuletzt im Jahr 2000 erlebt. Der noch vorhandene Fehler gegenüber der tatsächlichen Länge des kosmischen Jahres wird erst in 3.333 Jahren einen Tag betragen.

Der Gregorianische Kalender wurde erstmals in Spanien, Portugal und dem größten Teil Italiens eingeführt und setzte sich dann sukzessive allgemein durch. Da die Neuordnung von einem Papst bzw. der römisch-katholischen Kirche ausging, wurde sie in den protestantischen Staaten zunächst nicht angenommen („Man hat uns elf Tage gestohlen!"). Einer der letzten war diesbezüglich Schweden, in dessen Geschichtsschreibung kurioserweise die Daten des Dreißigjährigen Krieges, in den Schweden stark involviert war, entsprechend anders lauten. Auch die orthodoxen Länder nahmen diese Kalenderreform nicht an. Daher fand die russische Oktoberrevolution im Gregorianischen Kalender erst Anfang November statt.

Inzwischen erfährt der Gregorianische Kalender jedoch allgemein Akzeptanz und wird international verwendet.

Was die Heiligen mit unserem Wetter zu tun haben

Fast alle Religionen kennen in irgendeiner Form eine Akzentuierung des Jahresverlaufs durch regelmäßig wiederkehrende kultische Feiern und Gedenktage, an denen man sich an bestimmte Ereignisse und Personen erinnert, die für die betreffende Religion bedeutsam sind. Als ein Beispiel für das Judentum ist hier das jährliche Pessachfest zu nennen, das zur Erinnerung an den Auszug aus Ägypten gefeiert wird. Eine besondere Kulturleistung des Alten Testaments war der im Rahmen der Schaffung der Sieben-Tage-Woche (Genesis 1) eingeführte Sabbat als unbedingter Ruhetag. Dieser hatte sowohl eine religiöse als auch eine soziale Komponente. Das Christentum hat den Ruhetag auf den ersten Tag der Woche, den Sonntag, verschoben in Erinnerung daran, dass an diesem Tag Jesus von den Toten auferstanden ist.

Das christliche, insbesondere das römische liturgische Jahr hat sich im Lauf von Jahrhunderten zu dem entwickelt, wie wir es heute kennen. Dazu zählen zum einen die sogenannten „Herrenfeste" wie Weihnachten, Ostern, Christi Himmelfahrt und Pfingsten, die sich zuerst entwickelt haben. Später entstanden die Marienfeste, von denen die meisten ebenfalls noch heute begangen werden. So bildete sich das Kirchenjahr heraus, das abweichend vom kosmischen Jahr mit dem ersten Adventssonntag beginnt und entsprechend im folgenden Jahr am Samstag vor dem ersten Advent endet.[1]

---

1   Im bis 1969 gültigen *Missale Romanum* galt das Fest des Apostels Andreas am 30. November (bzw. die Vigil zu diesem am 29. November) als erster Tag des Kirchenjahres.

Zum anderen entwickelte sich gegenüber anderen Religionen im Christentum eine Besonderheit. Es gibt nicht nur Fest- und Feiertage zu den „heiligen Zeiten", sondern es wurden Tage bestimmt, an denen man verschiedener wichtiger Persönlichkeiten der eigenen Geschichte gedachte, die aus unterschiedlichen Gründen eine besondere Verehrung genießen. Ausgangspunkt dieser Entwicklung waren die Märtyrer der römischen Christenverfolgungen. Ihrer gedachte man am Tag ihres Todes oder ihrer Beisetzung, vornehmlich auch an ihren Begräbnisstätten (z. B. Katakomben). So entstand die für die römisch-katholische Kirche sowie auch für die orthodoxen Kirchen typische Heiligenverehrung und damit zusammenhängend eine stetige Auffüllung des Jahreskalenders mit Festen oder Gedenktagen für jeweils bestimmte Heilige. Sie erlangten für den liturgischen Ablauf des Kirchenjahres zunehmend Bedeutung.

Für die zum Christentum bekehrte, meist analphabetische Bevölkerung der Völkerwanderungszeit und des frühen Mittelalters war die Strukturierung des Jahres durch Feste und jährlich wiederkehrende Heiligenzuordnungen eine wichtige Orientierung, um ihr Leben zu organisieren. Das galt besonders für die in der Landwirtschaft Tätigen, die den größten Teil der Bevölkerung ausmachten. Das Brauchtum, das sich zu den jeweiligen Heiligenfesttagen entwickelte, wird teilweise bis heute gepflegt.

Man kannte bzw. nannte kein numerisches Datum; stattdessen hieß es „am Josefi-Tag" (19. März) oder „zu Peter und Paul" (29. Juni). So gab es z. B. im barocken Wien vor Einführung des Bürgerlichen Gesetzbuchs im Wohnungswesen die Regelung, dass an vier bestimmten Terminen im Jahr das Mietverhältnis beendet werden konnte, die an Heiligengedenktagen festgemacht wurde (z. B. an Matthäus, „Matthäi am Letzten"). Der Jahreslauf wurde für die Menschen durch die mit Heiligennamen gekennzeichneten Tage übersichtlicher. So war bis ins 20. Jahrhundert hinein dieses System eine große Hilfe zur Bewältigung des Alltags im Hinblick auf den Zeitlauf bzw. die Zeiteinteilung. Heute ist das nicht mehr notwendig. Schon in der Barockzeit waren gedruckte Kalender verbreitet, und heute gibt es einen elektronischen Kalender in jedem Smartphone.

Die zunehmende Bedeutung der Heiligenverehrung bzw. Verbindung der Heiligen mit einem bestimmten Tag des Jahres ist auch am Brauch des Namenstagsfestes erkennbar. Viele Menschen, deren Vorname auf einen der zahlreichen Heiligen zurückgeht, feiern ihren

Namenstag an dessen Gedenktag. So wird der betreffende Heilige neben dem Schutzengel zum persönlichen Schutzpatron seines Namensträgers.

Im weiteren Verlauf haben die Heiligen nicht nur das Patronat über ihre Namensträger, sondern auch über andere bekommen, etwa für bestimmte Berufsgruppen, Länder oder Städte. Darüber hinaus sollten sie bei Krankheiten oder sonstigem Ungemach helfen. So bekamen die Heiligen sukzessive ein „Ressort", das unterschiedlich groß sein konnte. Und sehr bald wurden auch Kirchen bestimmten Heiligen geweiht, wodurch sie für die Menschen noch größere Bedeutung erlangten. Religionswissenschaftlich betrachtet, drohte der Heiligenkult, der sich stellenweise daraus bildete, polytheistische Züge anzunehmen. Diese Gefahr erkannte man auch innerkirchlich und wies darauf hin, dass man Heilige nicht anbeten dürfe, sondern zu ihnen nur um Fürsprache beten könne. Es war daher kein Wunder, dass die Reformation diesen ausufernden Heiligenkult scharf kritisierte und in ihrem Bereich weitgehend zurückdrängte.

Auf die Wetter- bzw. Bauernregeln bezogen bedeutet das, dass die Inhalte mancher dieser Sprüche den Eindruck erwecken, als ob der betreffende Heilige für eine bestimmte Wettersituation verantwortlich sei.

Wie erwähnt, haben sich das Kirchenjahr bzw. der Heiligenkalender im Lauf von Jahrhunderten entwickelt. Im Gefolge des Konzils von Trient, das in Reaktion auf die Reformation einberufen wurde und von 1545 bis 1563 tagte, wurde von Papst Pius V. im Jahr 1570 das neue *Missale Romanum*, das römische Messbuch, promulgiert, das 400 Jahre seine Gültigkeit behalten sollte. In diesem *Missale* wurde auch der genaue Kalender des Kirchenjahres definiert, darunter die kalendermäßige Fixierung der einzelnen Heiligenfeste bzw. -gedenktage. Das war nun jener Kalender, auf dessen Basis die an den Heiligengedenktagen orientierten Bauernregeln entstanden sind.

Allerdings gab es im Jahr 1582 aufgrund der Gregorianischen Kalenderreform (siehe oben) geringfügige Verschiebungen, da elf Tage entfielen. So gibt es z. B. bei den Gedenktagen der heiligen Bartholomäus im Juni und Luzia im Dezember Bauernregeln, die explizit auf die Sommer- und Wintersonnenwende verweisen, denn diese beiden Gedenktage lagen bis 1582 an den Tagen 21. Juni und 21. Dezember. Jetzt sind sie in diesen Monaten etwas früher.

In den folgenden 400 Jahren wurde der Festtags- und Heiligenkalender, der vielfach auch in der Evangelischen Kirche Geltung fand, zu einem festen Bestandteil der Lebenswelt der Menschen und für sie stark bestimmend – und das auch weit über den eigentlichen religiösen Charakter hinaus.

Die römisch-katholische Kalenderreform 1969/70

Ab 1962 tagte in Rom das Zweite Vatikanische Konzil. Sein erster Beschluss erfolgte am 4. Dezember 1963 mit der Konstitution *Sacrosanctum Concilium* über die Liturgie. Diese bildete die Grundlage für die Apostolische Konstitution *Missale Romanum* von Papst Paul VI. vom 3. April 1969, mit der ein neuer Messritus eingeführt wurde, der den bisherigen aus dem Jahr 1570 ersetzte und 400 Jahre später, nämlich 1970, in Kraft trat. Neben erheblichen strukturellen Reformen des Messformulars war die Erlaubnis, die Landessprache als Liturgiesprache zu verwenden, die für alle augenscheinlichste Änderung.

Parallel zur Reform der Messliturgie lief jene des Kirchenjahres bzw. des Festtagskalendariums. Dieser neue Generalkalender für die gesamte katholische Kirche wurde mit dem Motu proprio *Mysterii paschalis* vom 14. Februar 1969 von Papst Paul VI. und folgend am 21. März von der Ritenkongregation veröffentlicht und trat ebenfalls mit 1. Januar 1970 in Kraft. Damit kam es zu Änderungen des Fest- und Gedenktagskalenders des Kirchenjahres, das heißt zu einigen Verschiebungen von bisherigen Gedenktagen auf andere mit zum Teil erheblichen Zeitunterschieden. Nun waren sicherlich einige Neufestsetzungen durchaus sachlich begründet und nachvollziehbar. Da aber die Heiligengedenktage im „Volksglauben" zum Teil fest verankert waren, nicht zuletzt durch die gerade im Katholizismus gepflegte und geförderte Namenstagskultur, kam es zu Irritationen bei den davon betroffenen Gläubigen. Im Sinne eines modernen Marketingverständnisses war dieses Vorhaben sicherlich nicht gerade „kundenfreundlich" gewesen.

Prominente Opfer der Reform, sofern sie nicht wenige Tage betragen, sind beispielsweise Benedikt (verschoben vom 21.3. auf den

11.7.); Gabriel (vom 24.3. auf den 29. 9.); Gregor der Große (vom 12.3. auf den 9.9.); Justin(us) (vom 14.4. auf den 1.6.); Laurentius (Lorenz) (vom 5.9. auf den 8.1.); Margarete (vom 10.6. auf den 16.11.); Matthias (vom 24.2. auf den 14.5.); Raphael (vom 24.10. auf den 29.9.); Simon („Herrenbruder") (vom 18.2. auf den 27.4.); Thomas (Apostel) (vom 21.12. auf den 3.7.); Vinzenz (von Paul) (vom 19.7. auf den 27.9.). Darunter befinden sich einige, die inzwischen sehr häufig und gern als Taufnamen verwendet werden.

In der Folge wurde im Frühjahr 1971 von den Bischofskonferenzen Deutschlands, Österreichs und der Schweiz, der Ost-Berliner Ordinarienkonferenz (für die damalige DDR) sowie der Bischöfe von Luxemburg und Bozen-Brixen und 1973 von Lüttich (für das Gebiet Eupen-Malmedy) der Regionalkalender für den deutschsprachigen Raum beschlossen. In diesem wurden – abweichend vom Generalkalender – die kalendarischen Besonderheiten von Heiligengedenktagen im deutschsprachigen Raum geregelt. Im Klartext: Die Gedenktage lokaler Heiliger, die bereits zuvor vom römischen Kalender abgewichen waren, wurden weitgehend beibehalten.

Ändert sich nun ein Namenstag, so hat das für die betreffenden Namensträger zwar eine lästige Konsequenz, doch inzwischen ist eine neue Generation mit dem geänderten Kalender herangewachsen, sodass die erwähnten Verschiebungen kaum noch Relevanz besitzen. Höchst problematisch werden diese jedoch für jene Heiligengedenktage, bei denen sich im Lauf der Zeit Lostagssprüche bzw. Bauernregeln herausgebildet haben. Deren Erkenntnisse fußen ja auf an bestimmten Tagen gemachten Erfahrungen bezüglich des Wetters und deren Auswirkungen auf das bäuerliche Handeln. Wird nun der Gedenktag um einen erheblichen Zeitraum (also um mehr als zwei Wochen) verschoben, dann verliert diese Regel gleichsam ihre Gültigkeit.

Das ist bei den oben genannten Verschiebungen der Fall sowie auch bei einem besonderen Lostag, nämlich dem „Siebenschläfertag", der ähnlich wie die „Eisheiligen" diesbezüglich eine wichtige Bedeutung hat. Dieser war bis 1969/70 am 27. Juni und wurde dann um einen Monat auf den 27. Juli verschoben. Wendet man dessen Regel am 27. Juli an, kann diese wohl kaum noch stimmen.

Deshalb wird in der folgenden Darstellung der Lostage und Lostagssprüche das bis 1969 gültige römisch-katholische Kalendarium für die Heiligengedenktage bzw. in Ergänzung dazu der deutschsprachige Regionalkalender konsequent verwendet. Etwas anderes wäre ja aus den genannten Gründen gar nicht möglich. Ein weiteres Problem in diesem Zusammenhang stellten schon immer die sogenannten „Beweglichen Feste" dar, die vom Ostertermin abhängen. Dieser hat aber eine zeitliche Schwankung von mehr als einem Monat.

Los- und Schwendtage

Damit sind wir bei den Lostagen angelangt. Wie bereits erwähnt, war für die Bauern, die den größten Teil der Bevölkerung ausmachten, das Wetter für ihre Berufsausübung entscheidend, denn Aussaat und Ernte sowie die Entscheidung für oder gegen ein bestimmtes Saatgut hingen entscheidend davon ab. Und so wurden die jahrhundertealten Wettererfahrungen auf einprägsame Weise in Kurzreime zusammengefasst und an einem Heiligengedenktag festgemacht. Daher spielten die Heiligen nicht nur als Namensgeber oder Patrone der unterschiedlichsten Art eine Rolle, sondern wurden auch in Bezug zum Wetter gesetzt, was sie für das Leben der Menschen noch bedeutsamer machte.

Lostage sind also nach dem Volksglauben für die Wettervorhersage bedeutsame, mit Glück oder Vorsicht verbundene Tage, für den Bauern besonders wichtig zum Säen und Ernten. Die Bezeichnung „Lostage" entstand, weil diese Tage früher als eine Art „Los" gesehen wurden, das man „zog". Von diesem „Los", von dem Geschehen an diesem Tag, schloss man auf zukünftige Ereignisse, hauptsächlich in Zusammenhang mit der Entwicklung des Wettergeschehens. Nach einer anderen Erklärung leitet sich der Begriff „Lostag" vom althochdeutschen Wort „hlosen" für „hören" ab. Der Wortstamm führt zum mundartlichen „luren" oder „lusen". Lostage sind demnach Tage, auf die man „hören" sollte (im Sinne von „beachten"), um eine Wettervorhersage für die kommende Zeit machen zu können.

In diesem Zusammenhang sind auch die „verworfenen" oder „Schwendtage" zu nennen. Sie stammen aus der Römerzeit und galten als äußerst ungünstig für alle Arten von Unternehmungen. An solchen Tagen sollte man weder auf Reisen gehen, noch etwas Neues beginnen, völlig gleichgültig, ob es sich dabei um eine Arbeit auf dem Hof, im Haus oder auf dem Feld handelte. Es wurde sogar von Arztbesuchen, wenn nicht unbedingt erforderlich, abgeraten. Diese

Schwendtage haben also weniger eine Beziehung zum Wettergeschehen als vielmehr zur Volksheilkunde. Ihren unglückseligen Namen verdanken sie einem traurigen Ereignis im bäuerlichen Viehstall: Unter Verwerfen versteht man nämlich das vorzeitige Ausstoßen der nicht lebensfähigen Leibesfrucht bei Haustieren, sprich: eine Fehlgeburt bei Kuh, Schaf oder Schwein. Dieses Unheil, meist ausgelöst durch Infektionen, Seuchen oder Vergiftungen, war früher oft der Beginn für große Verluste unter dem Viehbestand. Ein Umstand, der den Bauern um seine Existenz bringen konnte. Kein Wunder also, dass selbst die alten Römer, die die verworfenen Tage *dies atri* (schwarze Tage) nannten, bis sie vorüber waren, lieber keinen Finger rührten.

Als solche werden genannt: 2., 3., 4. und 18. Januar; 3., 6., 8. und 16. Februar; 13., 14., 15. und 29. März; 19. April; 3., 10., 22. und 25. Mai; 17. und 30. Juni; 19., 22. und 28. Juli; 1., 17., 21., 22. und 29. August; 21., 22., 23., 24., 25., 26., 27. und 28. September; 3., 6. und 11. Oktober sowie 12. November. Im Dezember gibt es keinen Schwendtag.

Das bäuerliche Arbeitsjahr

Die Lostagssprüche sind in der Hauptsache Bauernregeln und geben die bäuerliche bzw. ländliche Lebenswelt vor der Technisierung und Automatisierung der Landwirtschaft wieder. Vor der Industrialisierung, die bereits nach 1815 begann und ab der Mitte des 19. Jahrhunderts ihren Durchbruch erlebte, war der größte Teil der deutschsprachigen Bevölkerung in der Land- und Forstwirtschaft tätig. Ab Mitte des 19. Jahrhunderts ging deren Anteil stetig zurück, auf der anderen Seite stiegen die Einwohnerzahlen der großen Städte. Um 1900 war aber noch immer rund ein Drittel der erwerbstätigen Bevölkerung im deutschsprachigen Raum in der Land- und Forstwirtschaft beschäftigt, wobei es da unterschiedliche regionale Abweichungen gegeben hat. Dieser Wert hielt sich bis Mitte des 20. Jahrhunderts. Nun sind es nur noch etwa fünf Prozent. Für die Mehrzahl der Menschen hatten daher früher solche Bauernregeln eine existentielle Bedeutung. Und wenn wir sie heute lesen, dann tauchen wir gewissermaßen auch in diese Zeiten wieder ein. Jetzt sehen aber diese ganz anders aus. Trotzdem tragen wir aber noch immer das Bild von einer bäuerlichen Idylle in uns: Der Bauernhof ist ein Mehrgenerationen-Familienbetrieb, auf dem alle – jung oder alt – mitarbeiten. Er produziert (fast) alle nötigen Nahrungsmittel auch als Selbstversorger. Daher finden sich auf ihm alle (Nutz-)Tierarten, vor allem Rinder, Schweine und Geflügel. Und es wird alles, was von der Lage her (Klimazone, Böden, Meereshöhe etc.) möglich ist, angebaut.

Dieses Bild entspricht jedoch nicht mehr der Realität. Die landwirtschaftlichen Betriebe haben sich zum einen spezialisiert und zum anderen technisiert, und die idealisierte Großfamilie gibt es nur noch selten. (Vielleicht hat sie es als derartiges Ideal auch gar nie gegeben.) Diese Idylle findet man seltsamerweise nur mehr in Kinderbüchern für Vorschulkinder, wo diese wimmelbuchartig vermittelt wird. Mit der Realität hat sie aber nichts mehr zu tun. Spätestens in den ersten Jahren nach dem Zweiten Weltkrieg verschwanden die letzten Pferde- und Ochsengespanne zugunsten der Traktoren. Und die Automatisierung von Aussaat und Ernte (Mähdrescher) trat ihren Siegeszug an. Doch merkwürdigerweise blieb die Sehnsucht nach dieser vermeintlichen Idylle bestehen. Neben den genannten Kinderbüchern sind z. B. die Bio-Bauernhöfe oder die Urlaube auf dem Bauernhof Symptome dafür.

Tatsächlich war aber früher das Bauer-Sein kein Kinderspiel. Neben der oft sehr harten körperlichen Arbeit war man auch den nicht seltenen Wechselfällen der Natur ausgesetzt, und oft ging es dann dabei um die eigene Existenz bzw. um das pure Überleben. Das wird nicht zuletzt in den Lostagsprüchen deutlich.

Auf einem solchen Bauernhof in früheren Zeiten fiel während des ganzen Jahres genügend Arbeit an. Der Bauer und die Bäuerin, die Kinder, die Knechte und die Mägde waren immer voll beschäftigt. Freie Zeit, die heute genannte „Freizeit", gab es nicht – niemand konnte die Hände in den Schoß legen. Wenn die Tage kürzer wurden, verlagerte sich die Arbeit von Acker und Feld hinein ins Haus, in den Stall und die Scheune. Um ein Bild davon zu vermitteln, in welchem Umfeld die Lostagsprüche bedeutsam waren, wird nachfolgend zu Beginn eines jeden Monats im zweiten Absatz des Einleitungstextes geschildert, wie sich um 1900 jeweils die bäuerliche Tätigkeit gestaltet hat.

Hinweise für die Leserinnen und Leser

In der Regel wird man dieses Buch nicht wie einen Roman oder ein Sachbuch von Anfang bis zum Ende durchlesen, sondern – abgesehen von der Einführung – sich den Inhalt sukzessive entlang des kalendarischen Verlaufs zu Gemüte führen. Trotzdem einige Hinweise:

Erstens: Wie bereits erwähnt, ist nicht der seit 1970 gültige römisch-katholische Generalkalender die Grundlage für die Heiligengedenktage, sondern neben den Besonderheiten des deutschsprachigen Raums die bis 1969 geltenden Heiligengedenktage. Denn diese waren die Grundlage für die jeweiligen Lostagsprüche. Diese kalendarischen Abweichungen werden beim jeweiligen Tag erwähnt.

Zweitens: Bei jedem Heiligengedenktag mit Lostagsprüchen gibt es eingangs eine kurze Biographie zum betreffenden Heiligen.

Drittens: Bei diesen Biographien werden auch die Patronschaften des Heiligen angeführt, womit dessen Lebensbild und Wirkungsgeschichte vervollständigt wird.

Viertens: Zu Beginn eines jeden Monats werden neben einer kurzen Erklärung zum Monatsnamen u. ä. auch – wie erwähnt – die Tätigkeiten, die in diesem Monat für die Bauern anfielen, angeführt, um so auch ein Bild über dessen Lebenswirklichkeit vor rund 100 Jahren in Erinnerung zu rufen. Diese spiegeln sich auch in den Lostagsprüchen wieder.

Fünftens: Nach dieser kurzen Monatseinleitung folgen die Bauernregeln, die speziell für einen Monat gelten.

Sechstens: Im Anschluss an den Dezember folgen allgemeine Bauern- und Wetterregeln sowie auch – wie bereits kurz erwähnt – Scherzregeln.

Siebtens: Zum Schluss gibt es als Übersicht ein Kalendarium der in diesem Buch behandelten Lostage sowie ein alphabetisches Register der behandelten Heiligen.

*Strahlt Neujahr im Sonnenschein,
wird das Jahr wohl fruchtbar sein.*

Januar

Jänner, Hartmond, Hartung, Eismond

Januar oder Jänner, ab dem Jahr 46 v. Chr. der erste Monat des Jahres mit 31 Tagen, bekam seinen Namen vom römischen Gott Janus, dem Beschützer der Stadttore, dem Gott des Aus- und Einganges, im übertragenen Sinne des Anfangs und des Endes, dargestellt mit zwei Gesichtern („janusköpfig"), einem jugendlichen und einem bejahrten, vor- und rückwärts, in die Vergangenheit und Zukunft zugleich blickend. Der Name Janus leitet sich von lat. *ianua* ab, was so viel wie Schwelle, Torbogen, Durchgang bedeutet, also jene(r) zum neuen Jahr. Kaiser Karl I. der Große gab den Monaten deutsche Bezeichnungen, weil er die lateinischen Namen heidnischen Ursprungs zurückdrängen wollte. Den Januar nannte er Wintarmanoth (Wintermonat). Als gewöhnlich kältester Monat des Jahres wird er in manchen Gegenden auch Hartmond oder Eismonat genannt.

Im bäuerlichen Arbeitsjahr war es im Januar Aufgabe der Männer, die nicht das Vieh auf dem Hof versorgen, mit Schlitten das Holz aus dem verschneiten Hochwald herunterzuholen. Aber auch wer im Stall arbeitete, wurde noch zu anderen Pflichten herangezogen. Alles Arbeitsgerät musste wieder instandgesetzt werden. Die Bäuerin und die Mägde strickten Strümpfe und Socken und waren mit Ausbesserungsarbeiten der Wäsche beschäftigt. Flachs und Wolle musste gesponnen und dann auch verarbeitet werden.

Januar

Ist im Jänner dick das Eis,
gibt's im Mai ein üppig Reis.

Ziehen die Wolken im Jänner gen Süd,
ist der Winter noch lange nicht müd.

Wächst das Gras im Januar,
ist's im Sommer in Gefahr.

Frühregen im Jänner entweicht,
eh die Uhr zwölfe erreicht.

Januarsonne
hat weder Kraft noch Wonne.

Januardonner über'm Feld,
bringt noch große Kält'.

Tanzen im Jänner die Mucken,
muss der Bauer nach dem Futter gucken.

Im Januar viel Muckentanz,
verdirbt die Futterernte ganz.

Jänner warm,
dass Gott erbarm!

Morgenrot im Januar,
Sommergewitter fürwahr.

Ist der Jänner von Anfang bis Ende gut,
so hat das ganze Jahr 'nen guten Mut.

Wächst das Korn im Januar,
wird es auf dem Markte rar.

Wirft der Maulwurf im Januar,
dauert der Winter bis Mai sogar.

Im Januar viel Regen und wenig Schnee,
tut Saaten, Wiesen und Bäumen weh.

Im Jänner wenig Wasser, viel Wein;
viel Wasser, wenig Wein.

Der Jänner hart und rau
nützet dem Getreidebau.

Den März fürcht' im Januar,
im März den Januar fürwahr.

Ist der Januar nur warm,
wird der reichste Bauer arm.

Wenn die Füchse im Hartmond bellen,
wird sich Milde vorerst nicht einstellen.

Wenn der Tag anhebt zu langen,
kommt die Kälte hergegangen.

Im Januar Reif ohne Schnee,
tut Bergen, Bäumen und allem weh.

Gibt's im Januar viel Regen,
ist's für die Saaten kein Segen.

Sind im Januar die Flüsse klein,
gibt's viel Frucht und guten Wein.

Ein schöner, kalter Januar
bringt ein gutes Jahr.

Januar muss krachen,
soll der Frühling lachen.

Ist der Januar hell und weiß,
wird der Sommer sicher heiß.

Januarschnee zu Hauf',
Bauer, halt' den Sack auf.

Reichlich Schnee im Januar,
machtet Dung fürs ganze Jahr.

Ist der Januar warm und nass,
fehlt's der Scheune, fehlt's dem Fass.

Je frostiger der Januar,
je freudiger das ganze Jahr.

Ein Januar wie der März,
macht dem Bauer Schmerz.

Jännernebel bringt bei Ostwind Tau,
der Westwind treibt ihn aus der Au.

Wenn Frost im Jänner nicht kommen will,
so kommt er im Märzen und April.

Wenn's im Januar Regen hat,
schadet's gern der jungen Saat.

Wächst die Frucht jetzt auf dem Feld,
wird sie teuer in aller Welt.

Ist der Januar gelind,
Lenz und Sommer stürmisch sind.

Ist der Januar nicht nass,
füllet sich des Winzers Fass.

Wenn die Katze im Januar in der Sonne liegt,
im März sie wieder hinter den Ofen kriecht.

Werden die Tage länger,
wird der Winter strenger.

Auf trocken-kalten Januar,
folgt viel Schnee im Februar.

Ist der Januar feucht und lau,
wird das Frühjahr trocken und rau.

Knarrt im Januar Eis und Schnee,
gibt's zur Ernt' viel Korn und Klee.

Januar, je kälter und heller,
Scheune und Fass um so völler.

Besser im Januar im tiefen Schnee stehen,
als einen Bauer in Hemdsärmeln zu sehen.

Januar recht hoher Schnee,
heißt im Sommer hoher Klee.

So viele Tropfen im Januar,
so viel Schnee im Mai fürwahr.

Die Erde muss ihr Betttuch haben,
soll sie der Winterschlummer laben.

Braut im Januar der Nebel gar,
wird der Frühling nass fürwahr.

Fehlen dem Januar Schnee und Frost,
gibt der März sehr wenig Trost.

Was Januar in die Samen treibt,
in Halm und Ähren stecken bleibt.

Gelinder Januar
bringt spätes Frühjahr.

Wenn Januar mit Kälte dräut,
macht die Juliarbeit Freud.

Anfang und Ende vom Januar
zeigen das Wetter für's ganze Jahr.

Lacht der Januar im Kommen und Scheiden,
so bringt das Wetter noch viel' Freuden.

Januar

Donnert es im Januar,
dann mehret sich der Fässer Schar.

Januar von Nebel weiß,
schickt im Märzen Schnee und Eis.

Januar kalt –
das gefallt.

Wenn im Januar noch der Flegel klingt,
dem Bauern das Geld in die Tasche springt.

Grüner Januar
macht das Bett zur Bahr'.

Im Januar Donnergroll
macht Kisten und Kästen voll.

Schlummert im milden Januar das Grün,
so wird zeitig der Garten blüh'n.

Was dem Januar an Schnee gefehlt,
oft der weiße März erzählt.

Ist der Januar trocken,
füllt sich der Speicher mit Roggen.

Ist der Januar gelind,
die Trauben im Oktober trefflich sind.

Ist der Januar kalt und weiß,
kommt der Frühling ohne Eis.

Hat der Januar viel Regen,
bringt's den Früchten keinen Segen.

Wenn der Januar viel Regen bringt,
werden die Gottesäcker gedüngt.

Am zehnten Jänner Sonnenschein,
bringt reiche Ernte und guten Wein.

Der Januar muss mit Strenge walten,
sonst wird sich der Frühling nicht gut halten.

Wie der Jänner,
so der Juli.

Auf harten Winter Zucht
folgt gute Sommerfrucht.

Gibt's im Januar Wind vom Osten,
tut die Erde langsam frosten.

Kommt der Frost im Januar nicht,
zeigt im März er sein Gesicht.

Wenn im Januar viel Nebel steigt,
sich ein schönes Frühjahr zeigt.

Soll man den Januar loben,
muss er frieren und toben.

Januar muss vor Kälte knacken,
wenn die Ernte soll gut sacken.

Lostage im Januar

1. Januar: Neujahr – Hochfest der Gottesmutter Maria

Ursprünglich feierte man an diesem achten Tag nach Weihnachten das Fest der Beschneidung Jesu bzw. dessen Namensgebung (Lukas 2,21). Erst mit der Kalenderreform 1969/70 wurde das schon früher bestandene Marienfest wieder eingeführt. 1967 hat Papst Paul VI. den Neujahrstag zum Weltfriedenstag erklärt.

Neujahrsmorgenröte
macht viele Nöte.

Die Neujahrsnacht still und klar,
deutet auf ein gutes Jahr.

Scheint am Neujahr die Sonne auf den Tisch,
soll es geben reichlich Fisch.

Ein Jahr, das fängt mit Regen an,
bringt nichts Gutes auf den Plan.

Morgenrot am ersten Tag,
Unwetter bringt und große Plag.

Wenn's um Neujahr Regen gibt,
oft um Ostern Schnee noch stiebt.

Wenn am Neujahr die Sonne lacht,
gibt es viele Fische in Fluss und Bach.

Ein Jahr das schlecht will sein,
stellt sich schwimmend ein.

Am Neujahrstag kalt und weiß,
wird der Sommer später heiß.

2. Januar: hl. Makarios von Alexandria (der Jüngere)

Makarios (Makarius) (4. Jh.–395) stammte aus Alexandria. Mit 30 wurde er Priester und zog als Einsiedler in die ägyptische Wüste, wo er sein ganzes Leben lang blieb. Im Zuge der Kalenderreform 1969/70 wurde sein Gedenktag auf den 19. Januar festgelegt.

> Makarius das Wetter prophezeit
> für die ganze Erntezeit.

> Wie das Wetter an Makarius war,
> so wird der September: trüb oder klar.

> Makarios, der weiß bestimmt,
> was das ganze Jahr so bringt.

3. Januar: hl. Genoveva

Genoveva (um 422–502) war die Tochter eines römisch-gallischen Patriziers in Nanterre, legte das Gelübde der Jungfräulichkeit ab und ging im Alter von 16 Jahren nach Paris. Die Legende berichtet von zahlreichen Wundertaten, die sie vollbracht haben soll, und Taten der Nächstenliebe. Auch soll sie den Frankenkönig Chlodwig I. bekehrt haben. Sie ist Patronin der Frauen, Hirten, Winzer, Wachszieher und Hutmacher; gegen Augenleiden, Fieber, Blattern, Aussatz, Pest, Trockenheit und Krieg.

> Bringt Genoveva uns Sturm und Wind,
> so ist uns Waltraud [9. 4.] oft gelind.

6. Januar: Heilige Drei Könige (Erscheinung des Herrn)

Die Kirche feiert an diesem Tag das Offenbarwerden von Jesus Christus in der Anbetung der Magier (Matthäus 2,1–12). Seit dem Mittelalter treten in der Volksfrömmigkeit die „Heiligen Drei Könige" in den Mittelpunkt dieses Festes. Aus dem vielfältigen Brauchtum ist besonders die Segnung der Häuser bekannt. Die Sternsinger ziehen von Haus zu Haus und zeichnen den Segen auf die Türen.

Regen an Dreikönig –
doppelte Keime,
aber nur halbe Frucht in der
Scheune.

Ist bis Dreikönig kein Winter,
folgt keiner mehr dahinter.

Am Heiligen Dreikönigstag,
es um einen Hahnenschrei tagen
mag.

Heiligdreikönig sonnig und
still,
Winter vor Ostern nicht weichen
will.

Ist Dreikönig hell und klar,
gibt's viel Wein in diesem
Jahr.

Dreikönig ohne Eis:
Pankraz [12. 5.] weiß.

Die heiligen Drei Könige
bauen eine Brücke oder brechen
sie.

Ist bis Dreikönig kein Winter
geworden,
verdient er bis Ostern auch
keinen Orden.

Kam bis Dreikönig der Winter
nicht,
kommt er auch bis Ostern
nicht.

Zeigt der Winter bis Dreikönig
selten sein grimmiges Gesicht,
zeigt er es auch bis Ostern nicht.

8. Januar: hl. Erhard

Erhard (um 700) war wahrscheinlich Missionsbischof in Regensburg. Der Legende nach soll er die von Geburt an blinde hl. Odilia, eine elsässische Herzogstochter, geheilt haben. Er wurde bzw. wird vor allem im Elsass, aber auch in Niederbayern und Österreich stark verehrt. Er ist Patron der Krankenhäuser, Schmiede, Bäcker und Schuhmacher, gegen Augenleiden, Pest und Viehkrankheiten. Eine seiner Attribute bei bildlichen Darstellungen ist die Axt, worauf sich die Bauernregeln beziehen.

St. Erhard mit der Hack,
steckt die Feiertag in den Sack.

St. Erhard mit der Hack,
steckt Wintertage in den Sack.

8. Januar: hl. Severin von Noricum

Severin von Noricum (um 410–482) kam zur Zeit der Völkerwanderung in die römische Provinz Noricum (Gebiet zwischen Passau und Wien). Dort bemühte er sich um Vermittlung zwischen der ansässigen römischen Bevölkerung und den aus dem Norden und Osten andrängenden Germanen. In Wien erinnert der Ortsteil Sievering an ihn. Er ist Patron von Bayern, der Gefangenen, der Winzer und Leineweber sowie für Fruchtbarkeit der Weinstöcke.

>Wenn's Sankt Severin gefällt,
>dann bringt er mit die groß Kält'.

9. Januar: hl. Julian

Julian († um 304 oder 311) und seine Frau Basilea lebten in jungfräulicher Ehe zusammen und erlitten unter Kaiser Diokletian das Martyrium. Bei der Kalenderreform 1969/70 wurde sein Gedenktag auf den 6. Januar verlegt.

>St. Julian bricht das Eis,
>bricht er es nicht, umarmt er es.

>St. Julian bricht das Eis,
>oder er bringt's mit von seiner Reis'.

10. Januar: hl. Paul der Einsiedler

Paulus von Theben (Oberägypten) (um 228–um 341) zog während der diokletianischen Christenverfolgung in die Wüste und gilt als Urheber des Einsiedlerlebens. Sein Alter von 113 Jahren ist legendenhaft. Bereits vor 1969 war zwar offiziell der 15. Januar sein Gedenktag, aber als solcher kalendarisch gebräuchlich war bereits davor der 10. Januar (Todestag). Er ist Patron der Korb- und Mattenflechter.

>Ist der Paulustag gelinde,
>gibt's im Frühjahr raue Winde.

Ist's am Paulustag gelind,
geht's Frühjahr an mit rauem Wind.

Wenn am Paulustag die Mücken tanzen,
Bauer schnür' enger den Futterranzen.

An Paulus Einsiedel Sonnenschein
bringt viel Korn und Wein.

Bringt Sankt Paulus Wind,
regnet's geschwind.

Lässt Paulus keine Tropfen fallen,
gibt's zur Heuzeit wenig Ballen.

St. Paulus klar – gutes Jahr,
bringt er Wind, regnet's geschwind.

13. Januar: hl. Hilarius

Hilarius (um 315–367) wurde 350 zum ersten Bischof seiner Heimatstadt Poitiers gewählt. Er gilt als erster Hymnendichter der lateinischen Kirche. Vor 1969 war zwar offiziell der 14. Januar sein Gedenktag, aber als solcher kalendarisch gebräuchlich war bereits davor der 13. Januar (Todestag).

Sankt Hilarius
macht mit dem Vorwinter Schluss.

15. Januar: Prophet Habakuk

Habakuk heißt ein Prophet im Alten Testament und gehört zu den zwölf sog. Kleinen Propheten. Aufgrund sprachlicher und inhaltlicher Indizien dürfte er um 630 v. Chr. gewirkt haben. Bei der Kalenderreform 1969/70 wurde sein Gedenktag auf den 2. Dezember verlegt.

Spielt die Muck um Habakuk,
Bauer, nach dem Futter guck.

Habakuk
ans Feuer ruck.

Die Schnake, die hat leichtes Spiel,
bringt der Januar der Wärme viel.

Jedoch sieht uns're Mücke nicht,
schwillt auch nicht Habakuks Gesicht.

16. Januar: hl. Marcellus I.

Marcellus I. (Marzellus) (3. Jh.–309) war Bischof von Rom. Wegen seiner rigoristischen Bußpraxis soll er von Kaiser Maxentius in die Verbannung geschickt worden sein, wo er auch starb. Er ist der Patron der Stallknechte,

Wie das Wetter an Marzellus war,
wird's im September: trüb oder klar.

16. Januar: Theobald (Dietbald von Geisling)

Theobald († 1520) war als Angehöriger des Franziskanerordens in Österreich eingesetzt und starb in Wien. Deshalb trägt er auch den Titel „Apostel von Österreich". Er wurde zwar weder heilig noch selig gesprochen, trotzdem aber als solcher verehrt.

Wenn's St. Theobald g'fallt,
macht er uns die Häuser kalt.

Die Kälte, die kommt angegangen,
wenn bei Theobald die Tage langen.

Der Theobald, der Theobald,
der machet unsere Häuser kalt.

17. Januar: hl. Antonius der Einsiedler

Antonius (um 251–356) stammte aus Mittelägypten und wird „Vater des Mönchtums" genannt. Das Evangelium vom reichen Jüngling bewog ihn, seinen ganzen Besitz zu verschenken und als Einsiedler ein asketisches Leben in der Wüste zu führen. Er und seine vielen Jünger waren das Vorbild späterer Mönchsgemeinschaften. Er soll 105 Jahre alt geworden sein und ist Patron der Haustiere (besonders der Schweine), der Korbmacher, Metzger und Weber.

Um eine Mönchsruh
nehmen die Tage nach Antonius zu.

Wenn Antoni die Luft ist klar,
gibt's ein trockenes Jahr.

Große Kälte am Antonitag,
nie lange dauern mag.

Antonius mit dem weißen Bart,
regnet's nicht, er mit dem Schnee nicht spart.

Große Kält' am Antonitag,
große Hitz' am Lorenzitag [10. 8.]

Am Schnee nicht spart
Sankt Anton mit dem weißen Bart.

20. Januar: hll. Fabian und Sebastian

Fabian (um 200–250) war von 236 bis 250 Bischof von Rom und baute die römische Kirche organisatorisch aus. Er unterteilte Rom in sieben Bezirke, die jeweils von einem Diakon geleitet und verwaltet wurden. Fabian starb 250 als Märtyrer während der Christenverfolgung unter Kaiser Decius und wurde in der Calixtus-Katakombe beigesetzt.
Sebastian (3. Jh.–um 300) ist ein Märtyrer der frühen Christenheit. Der Legende nach war er ein Offizier, der sich zu seinem christ-

lichen Glauben bekannte. Er wurde deshalb an einen Baum gebunden und von Pfeilen durchbohrt. Als seine Wunden wider Erwarten heilten, wurde er erschlagen. Er ist einer der Pestheiligen und Patron der Soldaten, der Schützen sowie Kriegsinvaliden und gehört zu den volkstümlichen Heiligen (Schützenvereinigungen).

Fabian Sebastian
lässt den Saft in d'Bäume gahn.

Ist es um Fabian schön,
wird dem Bauer das Futter ausgeh'n.

Fabian im Nebelhut
tut den Bäumen gar nit gut.

Sturm und Frost an Fabian
ist allen Saaten wohlgetan.

Sturm und Frost an Sebastian,
ist den Saaten wohlgetan.

An Fabian Sebastian
fängt oft der rechte Winter an.

Fabian, Sebastian
nimmt der Tauber die Taube an.

Tanzen Fabian schon die Mücken,
muss man dem Vieh das Futter bezwicken.

An Fabian und Sebastian
fängt Baum und Tag zu wachsen an.

Sebastian je kälter und heller –
dann werden Scheuer und Fässer umso völler.

Sonnenschein um Fabian und Sebastian,
der lässt den Tieren das Futter ausgah'n.

21. Januar: hl. Agnes

Agnes von Rom (3. Jh.) ist eine Märtyrerin der frühen Kirche. Ihr Kult breitete sich bald in der abendländischen Kirche aus. Der Legende nach soll sich das junge Mädchen geweigert haben, den Sohn des Stadtpräfekten zu heiraten, da sie sich Christus versprochen habe. Trotz Drohungen und Demütigungen sei sie standhaft geblieben und schließlich getötet worden. Sie ist Patronin der Jungfrauen, Verlobten, Kinder, Blumenbinder und Gärtner sowie der Keuschheit.

Wenn Sankt Agnes ist gekommen,
wird neuer Saft im Baum vernommen.

Scheint zu Agnes die Sonne,
wird später die Ernte zur Wonne.

Sonnenschein am Agnestag,
die Frucht wurmstichig werden mag.

Zieh'n Wolken am Agnestag über den Grund,
bleibt die Ernte stets gesund.

Die Agnessonne
hat weder Kraft noch Wonne.

Wenn Agnes und Vincentius [22. 1.] kommen,
wird neuer Saft im Baum vernommen.

22. Januar: hl. Vinzenz von Saragossa

Vinzenz (Vincentius) von Saragossa (3. Jh.–304) ist ein Märtyrer der frühen Kirche und stammte aus Spanien. Als Diakon wurde er während der Christenverfolgung des Diokletian verhaftet und zu Tode gemartert. Er ist Patron der Ziegelbrenner, Töpfer, Dachdecker, Winzer, Weinbergwächter, Weber, Seeleute und Holzfäller; der Schüler; des Federviehs, der Kaffeehäuser; gegen Körperschwäche sowie für die Wiedererlangung gestohlener Sachen.

Zu Vinzenzi Sonnenschein,
bringt viel Korn und Wein.

Geht Vinzenz im Schnee,
gibt's viel Heu und Klee.

Wincens hell und klar
bringt ein gut' Weinjahr.

Hat der Vinzenz Wasserflut,
ist es für den Wein nicht gut.

Wie das Wetter zu Vinzenz war,
wird es sein das ganze Jahr.

An dem Tag Vinzenzius,
jede Rebe treiben muss.

Kommt Sankt Vinzenz tief im
Schnee,
bringt das Jahr viel Heu und
Klee.

An St. Vinzent,
da hat der Winter noch kein
End'.

Beim Heiligen Vincentius,
gibt's neuen Frost oder
Winterschluss.

Scheint die Sonne an Vinzenzi
blass,
mit gutem Wein füllt sie das
Fass.

Wenn Agnes [21. 1.] und
Vincentius kommen,
wird neuer Saft im Baum
vernommen.

Wie's Wetter am St. Vinzenz
war,
so kann's auch sein das ganze
Jahr:
Schönes Wetter bringt Gewinn,
drum merk' den Tag in deinem
Sinn.

Hat der Vinzenz Wasserflut,
ist es für den Wein nicht gut;
schütt' es gar in die Wann' –
o weh, wie wird er dann?

24. Januar: hl. Timotheus

Timotheus (1. Jh.–97?) wird in der Apostelgeschichte und in einigen Paulusbriefen erwähnt. Zwei der Pastoralbriefe des Paulus richten sich an ihn. Möglicherweise wurde er auf der ersten Missionsreise von Paulus selbst bekehrt. Nach altkirchlicher Überlieferung soll Timotheus nach dem Tod des Paulus Bischof von Ephesus geworden sein. Bei der Kalenderreform von 1969/70 wurde der 26. Januar sein Gedenktag. Er ist Patron gegen Bauchschmerzen und Magenleiden.

Ist's Wetter um Timotheus klar,
verhofft man sich ein gutes Jahr.

Timotheus bricht das Eis –
hat es keins, so macht er eins.

25. Januar: Pauli Bekehrung

Zeugnisse für die Bekehrung des Saulus-Paulus finden sich in der Apostelgeschichte (9,1–22) und auch in seinen Briefen. Saulus-Paulus verfolgte voll Eifer die junge Kirche. Dass gerade ihn vor Damaskus der Ruf Gottes traf, war für ihn selbst unbegreiflich („Damaskuserlebnis"). Aus dem glühenden Christenverfolger Saulus wurde Paulus ein ebenso glühender Eiferer für Jesus Christus und sein Evangelium. Frühestens seit dem 8. Jh. ist ein Fest der Bekehrung des Paulus in Gallien bezeugt.

Wenn die Sonne am Paulustag lacht,
wird auch ein gutes Jahr gebracht.

Hat Paulus weder Schnee noch Regen,
so bringt das Jahr gar manchen Segen.

Wird es am Paulitag schneien oder regnen,
kann uns ein mäßiges Jahr begegnen.

St. Paulus klar,
gutes Jahr;
bringt er Wind,
regnet's geschwind.

St. Paulitag schön und Sonnenschein,
bringt großen Segen an Frucht und Wein.

Ist zu Pauli Bekehr das Wetter schön,
wird man ein gutes Frühjahr sehn.

Ist Pauli Bekehr hell und klar,
so hofft man auf ein gutes Jahr.

Ist's am Paulustage schlecht,
wird das Frühjahr ein fauler Knecht.

Zu Pauli Bekehr
kommt der Storch wieder her.

Schön an Pauli Bekehrung,
bringt aller Früchte Bescherung.

Je kälter unser Pauli und auch heller,
desto voller werden Scheuer und Keller.

Pauli Bekehr –
der halbe Winter hin,
der halbe her.

Pauli bekehr' dich –
halb Winter scher' dich.

Pauli Regen,
schlechter Segen.

Pauli Bekehr:
Gans, gib dein Ei her!

Ist zu Pauli Bekehr das Wetter
schön.
wird man ein gutes Frühjahr
sehn.

Wenn's an Pauli regnet oder
schneit,
dann folget eine teure Zeit.

Wenn die Sonne am Paulustag
scheint,
wird stets ein gutes Jahr gemeint.
Wird es aber schneien und
regnen,
kann uns ein mäßiges Jahr
begegnen.

Hat er Wind,
regnet's geschwind.

Wenn's aber regnet oder auch
schneit,
wird teuer das Getreid'.

Ist der Nebel stark,
füllt Krankheit den Sarg.

29. Januar: hl. Valerius

Valerius († um 300) war der zweite Bischof von Trier, jedoch sind dessen frühen Bischöfe historisch nicht gesichert. Sein Sarkophag befindet sich in der Trierer Abteikirche St. Matthias.

Valerius und Adelgund [30. 1.]
bringen Kält' zu jeder Stund'.

30. Januar: hl. Martina

Martina (3. Jh.–um 230) lebte in Rom. Sie soll einer vornehmen Familie entstammen und Diakonin gewesen sein. Den Märtyrertod hätte sie durch Enthauptung oder durch Löwen erlitten. Sie ist Patronin der stillenden Mütter.

Bringt Martina Sonnenschein,
gibt's viel Frucht und guten Wein.

Scheint an Martina die Sonne mild,
ist sie der guten Ernte Bild.

30. Januar: hl. Adelgundis

Adelgundis (Adelgunde) von Maubeuge (um 624/639–um 698) war fränkisch-adeliger Abkunft und gründete 661 ein Kloster in Maubeuge in Nordfrankreich (fläm. Mabuse; dt. Malbode), dessen erste Äbtissin sie war. Sie ist die Patronin gegen Augen-, Brust- und Kinderkrankheiten, Krebs, Kopfschmerzen, Entzündungen, Fieber und plötzlichen Tod sowie für Kinder, die schwer gehen lernen.

*Valerius [29. 1.] und Adelgund
bringen Kält' zu jeder Stund'.*

31. Januar: hl. Vigilius

Vigilius von Trient (um 360–405) stammte aus Rom und wurde um 385 Bischof von Trient. Um 500 entstand seine legendäre Lebensgeschichte, wonach er beim Missionieren erschlagen worden sein soll. An diesem Datum ist sein Gedenktag in Trient. Ansonsten ist es der 26. Juni (siehe S. 141). Er ist der Patron der Bergwerke.

*Friert es zu Vigilius,
im März die Eiseskälte kommen muss.*

31. Januar: hl. Eusebius von Rankweil

Eusebius von Rankweil (9. Jh.–884) ist irischer Abkunft, war Mönch in St. Gallen und lebte dann 30 Jahre als Einsiedler in der Nähe von Rankweil (Vorarlberg).

*Wenn der Eusebius frieren muss,
im März nochmals der Kälte Verdruss.*

*Friert es auf Eusebius
im März viel Kälte kommen muss.*

*Februar mit Sonnenschein und Vogelsang,
macht dem Bauer Angst und Bang.*

Februar

Hornung, Schmelzmond, Taumond, Narrenmond, Rebmond

Februar, der zweite Monat des Jahres mit 28 Tagen in einem Gemeinjahr und 29 Tagen in einem Schaltjahr, hat seinen Namen nach dem altitalischen Gott Februus erhalten. Zu dessen Ehren feierten die Römer im Februar, dem nach ihrem ursprünglichen Kalender letzten Monat im Jahr, ein Reinigungs- oder Sühnefest für begangene Sünden (lat. *februare* = reinigen), um sich dadurch für das kommende Jahr vor den Einwirkungen böser Geister sicherzustellen. Der alte deutsche, kaum noch übliche Name Hornung kommt von Hor (Kot), weil in diesem Monat Tauwetter eintritt. Eine andere Erklärung bietet das Wort Horn, weil gewöhnlich in diesem Monat starke Hirsche ihr Geweih abwerfen (Hornen).

Im bäuerlichen Arbeitsjahr wurden im Februar die Maiskörner vom Kolben gerubbelt. Das Holz, das man im Januar aus dem Hochwald geholt hatte, musste nun gesägt und in Scheite gehackt werden. Das war reine Männerarbeit. Aber auch die Frauen packten hier kräftig mit an, obwohl sie überdies viel im Haus und in der Stube zu erledigen hatten. Meistens gab es noch genug Arbeit mit dem Flicken der Wäsche, die im Januar nicht bewältigt werden konnte. In der Spinnstube war immer genügend Material vorhanden, damit die handwerkliche Verarbeitung nie aufhört.

Februar

Regen im Februar,
bringt flüssigen Dünger fürs Jahr.

Wenn's der Hornung gnädig macht,
bringt der Lenz den Frost bei Nacht.

Je nasser der Februar,
desto nasser das ganze Jahr.

Wenn im Hornung die Mücken spielen,
wird der März den Winter fühlen.

Wenn im Hornung die Schnaken geigen,
müssen sie im Märzen schweigen.

Viel Nebel im Februar,
viel Regen das ganze Jahr.

Im Februar Vogelgsang,
macht den Winter lang.

Friert es nicht im Hornung ein,
wird's ein schlechtes Kornjahr sein.

Im Februar muss die Lerch' auf die Heid,
mag's sein lieb oder leid.

Im Februar müssen die Stürme fackeln,
dass den Ochsen die Hörner wackeln.

Besser im Februar im Hause frieren,
als draußen im Sonnenschein spazieren.

Wenn im Hornung die Mücken schwärmen,
muss man im März die Öfen wärmen.

Gibt's im Februar weiße Wälder,
freuen sich d'rob Wies' und Felder.

Februar Schnee und Regen,
bedeuten göttlichen Segen.

Liegt im Februar die Katz' an der Sonne,
liegt sie im März hinterm Ofen mit Wonne.

Sonnt sich die Katz im Februar,
friert sie im März trotz Pelz und Haar.

Ein kurzer Hornung, sagt der Bauer,
sei ein lauer.

Winternebel bringt Tauen bei Ostwinde,
bei Westwind treibt er weg das Gelinde.

Bruder Januar, hätt' ich die Kraft wie du,
ich[2] erfrör' das Kälbchen in der Kuh.

Weißer Februar
stärkt die Felder gar.

Singt im Hornung die Lerche gar zu hell,
geht's dem Landwirt an das Fell.

Februarschnee tut nicht mehr weh,
denn der März ist in der Näh'.

Mücken, die im Hornung summen,
werden lange noch verstummen.

Die weiße Gans im Februar,
brütet Segen für das ganze Jahr.

Es ist nünt,
wenn's im Hornung nit stürmt.

Februar mit Schnee und Regen
deutet an den Gottessegen.

---

2 Gemeint der Februar.

Der Februar hat seine Mucken,
baut von Eis oft feste Brucken.

Der Februar baut manche Brück',
der März bricht ihnen das Genick.

Ist der Februar sehr warm,
friert man Ostern bis in den Darm.

Ende Februar
sind die Lerchen wieder da.

Wenn's im Februar regnerisch ist,
hilft's so viel wie guter Mist.

Der Februar muss stürmen und blasen,
soll das Vieh im Lenze grasen.

Im Februar zu viel Sonne am Baum,
lässt dem Obst dann keinen Raum.

Spielen die Mücken im Februar,
frieren Schafe und Bienen das ganze Jahr.

Februar mit Frost und Wind,
macht die Ostertage lind.

Kalter Februar –
gutes Roggenjahr.

Liegt im Februar die Katz' im Freien,
wird sie im März vor Kälte schreien.

Alle Monate im Jahr,
verwünschen schönen Februar.

Der schlimmste Monat im ganzen Jahr
noch meist der kurze Hornung war.

Bringt der Februar Gewitter,
merkt mit Schmerzen es der Schnitter.

Wenn der Hornung kein Fieber macht,
liefert Marzi gar manche Schlacht.

Die weiße Kappe im Februar,
bringt Glück und Segen fürs ganze Jahr.

Schaltjahr,
Kaltjahr.

Spielen im Hornung die Mücken,
gibt's im Heustall große Lücken.

Hätte der Februar Januars Gewalt,
ließ er verfrieren jung und alt.

Februar, der kürzeste der Mondenzahl,
ist auch der schlimmste hundertmal.

Singt die Amsel im Februar,
bekommen wir ein teures Jahr.

Im Februar viel Schnee und Eis,
macht den Sommer heiß.

Ist der Hornung mäßig kalt,
keine gute Ernte fallt.

Ist der Februar trocken und kalt,
kommt im Frühjahr die Hitze bald.

Schnee im Hornung macht,
dass das Wetter bis zur Sichel lacht.

Wenn der Hornung warm uns macht,
friert's im Mai noch oft bei Nacht.

Februar im Kot
bringt Krankheit und Not.

Viel Nebel im Februar –
viel Kälte im ganzen Jahr.

Februar

Weht im Hornung oft der West,[3]
wird das Jahr nicht allerbest.

Nimmt Februar sich Schnee und Eis,
verdient der nächste Mai den Preis.

Sonnt sich der Dachs in der Lichtmesswoche,
dann bleibt er noch vier Wochen im Loche.

Schmilzt die Sonne im Februar die Butter,
geben die Wiesen spätes Futter.

Der Hornung macht den Dreck,
und der März holt ihn weg.

Februar Tau
bringt Nachfrost im Mai.

Ist der Februar kalt und trocken,
wird's im August in der Hitze hocken.

Heftige Nordwinde Ende Februar
vermelden ein fruchtbares Jahr.

Wenn Nordwind im Februar nicht will,
dann kommt er sicher im April.

Tummeln die Krähen noch,
bleibt im Februar des Winters Joch.

Wenn die Krähen vom Felde verschwinden,
wird sich bald die Wärme einfinden.

Im Hornung Schnee und Eis
macht den Sommer heiß.

Im Hornung viel Sturm und Regen
bringt uns später Segen.

Wer Hafer sät im Horn,
der hat viel Korn.

Der Februar ist ein eigner Kauz –
wenn's nicht gefriert, dann taut's.

Bei warmem Hornung spar' das Futter!
Denn gern wird dann die Ostern weiß,
und holt der Senn' zu seiner Butter,
ganz nah statt Wasser Schnee und Eis.

Wenn im Horn die Hasen lustig springen,
hoch in den Lüften Lerchen singen,
wird's uns Frost und Kälte bringen.

Ein nasser Februar
bringt ein fruchtbar' Jahr.

Lässt der Februar Wasser fallen,
so lässt's der März gefrieren.

Im Februar müssen die Stürme fackeln,
dass dem Ochsen die Hörner wackeln.

Wenn's im Februar nicht schneit,
schneit's in der Osterzeit.

Wenn's der Hornung gnädig macht,
bringt der Lenz den Frost bei Nacht.

---

3 Westwind.

Lostage im Februar

2. Februar: Mariä Lichtmess (Darstellung des Herrn)

Das Fest der Darstellung des Herrn gehört zu den älteren Marienfesten und fußt auf dem Lukasevangelium (2,22f.), wie die Eltern Jesu das Kind zum Reinigungsopfer in den Tempel bringen. Bis zur Kalenderreform von 1969/70 hieß das Fest „Mariä Reinigung". Im deutschen Sprachraum führte der Brauch der Kerzensegnung und der Lichterprozession zu der Bezeichnung „Mariä Lichtmess". Nach dem Brauchtum endet an diesem Tag die Weihnachtszeit, und der Weihnachtsschmuck (Weihnachtsbäume) in den Kirchen und zu Hause wird abgebaut.

Solange die Lerche vor Lichtmess
singt,
so lang schweigt sie hernach
still.

Zu Lichtmess noch das halbe
Futter,
dann fehlt's dir nicht an Milch
und Butter.

Am Lichtmesstage
Sonnenschein –
Bauer, schließ dein Futter ein.

Tut sich um Lichtmess die Sonn'
einfinden,
ist noch viel von Schnee
dahinten!

Lichtmess lauter und rein –
Bauer, hasch zwei Küh',
verkauf die ein!

Lichtmess im Schnee
Palmsonntag im Klee.

Lieber das Weib auf der Bahr,
als zu Lichtmess hell und klar.

Je stürmischer Mariä Lichtmess
war,
je sicherer kommt ein schönes
Frühjahr.

Wenn's zu Lichtmess stürmt und
tobt,
der Bauer gern das Wetter
lobt.

Zu Mariä Lichtmess
Sonneschein,
geht der Fuchs wieder in die
Höhle hinein.

Ist Lichtmess stürmisch und
kalt,
dann kommt der Frühling
bald.

Lichtmess hell und klar,
bringt ein gutes Flachsjahr.

Februar

Lichtmess hell und klar,
gibt ein gutes Roggenjahr.

Ist's zu Lichtmess schön und klar,
bringt's ein gutes Bienenjahr.

Scheint an Lichtmess die Sonne,
geraten die Bienen zur Wonne.

Es wird gewöhnlich sehr lang kalt,
wenn der Nebel zu Lichtmess fallt.

Sonnt sich der Dachs in der Lichtmesswoche,
geht auf vier Wochen er wieder zu Loche.

Lichtmess trüb,
ist dem Bauer lieb.

Ist's an Lichtmess dunkel,
wird der Schäfer zum Junker.

Segnet man die Kerzen im Klee,
so weiht man die Palmen im Schnee.

Lichtmess verlängert den Tag um eine Stunde,
für Menschen, Vögel und Hunde.

Bringt Mariä Reinigung Sonnenschein,
wird die Kält' noch größer sein.

Scheint an Lichtmess die Sonne heiß,
so kommt noch sehr viel Schnee und Eis.

Lichtmess Sonnenschein –
es wird noch sechs Wochen Winter sein.

Zu Lichtmess halb Futter, halb Brot,
dann hat es keine Not.

Ist Lichtmess helle,
wird der Bauer ein Geselle.

Lichtmess hell
gerbt des Bauern Fell.

Scheint Lichtmesstag die Sonne klar,
gibt's Spätfrost und ein fruchtbar Jahr.

An Lichtmess muss die Lerche singen
und sollt ihr auch der Kopf zerspringen.

An Lichtmess fängt der Bauersmann
neu mit des Jahres Arbeit an.

Zu Lichtmess lieber einen Wolf im Stall sehn,
als einen Bauern in Hemdsärmeln draußen steh'n.

Februar

Wenn zu Lichtmess der Bär
seinen Schatten sieht,
er sich nochmals für vier
Wochen in den Bau verzieht.

Scheint zu Lichtmess die Sonn
den Pfaffen auf den Altar,
so hält der Winter noch sechs
Wochen dar.

Wenn's an Lichtmess stürmt
und schneit,
ist der Frühling nicht mehr
weit;
ist es aber klar und hell,
kommt der Lenz wohl nicht so
schnell.

Ist's zu Lichtmess hell und rein,
wird ein langer Winter sein;
wenn es aber stürmt und
schneit,
ist der Frühling nicht mehr
weit.

An Lichtmess Sonnenschein,
der bringt noch viel Schnee
herein;
gibt es aber Regen und keinen
Sonnblick,
ist der Winter fort und kehrt
nicht mehr zurück.

Scheint an Lichtmess die
Sonne klar,
gibt's noch später Frost und
kein fruchtbar Jahr;
doch wenn es an Lichtmess
stürmt und schneit,
ist der Frühling nicht mehr weit.

Um Lichtmess hell und schön –
da wird der Winter niemals geh'n.

Fällt Regen um Lichtmess
nieder,
kommt der Winter kaum noch
wieder.

Wenn's zu Lichtmess stürmt
und tobt,
der Bauer sich das Wetter lobt;
scheint jedoch die Sonne froh –
dann Bauer, verwahr' das Stroh.

Um Lichtmess sehr kalt,
wird der Winter nicht alt.

Um Lichtmess Lerchengesang
macht uns den Lenz nicht bang.

Singt die Lerche jetzt schon hell,
geht's unserm Bauen an das Fell.

Wenn zu Lichtmess die Sonne
glost,
gibt's im Februar viel Schnee und
Frost.

Ist's zu Lichtmess klar und hell,
kommt der Frühling nicht so
schnell.

Wenn's zu Lichtmess stürmt und
schneit,
ist der Frühling nicht mehr weit.
Doch ist's zu Lichtmess mild und
warm,
dann friert's zu Ostern, dass Gott
erbarm.

3. Februar: hl. Blasius

Blasius (3. Jh.–um 316) erlitt unter Kaiser Licinius (oder bereits unter Diokletian) nach schrecklichen Qualen den Märtyrertod. Von seinem Leben wissen wir nur aus Legenden. Eine berichtet, er habe im Kerker einen Knaben, der sich an einer Fischgräte verschluckt hat, durch sein Gebet vor dem Erstickungstod gerettet. Darauf geht der im 16. Jahrhundert entstandene Brauch des Blasiussegens mit gekreuzten Kerzen zurück. Blasius zählt zu den Vierzehn Nothelfern und ist Patron der Hals-Nasen-Ohren-Ärzte, Blasmusikanten, Wollhändler, Schneider, Schuh- und Hutmacher, Weber, Gerber, Bäcker, Müller, Maurer, Steinmetze, Seifensieder, Wachszieher und Nachtwächter sowie gegen Halsleiden, Husten, Kehlkopfkrankheiten, Diphterie, Blasenkrankheiten, Blähungen, Blutungen, Geschwüre, Koliken, Zahnschmerzen, Pest, Kinderkrankheiten und gegen Sturm und wilde Tiere.

Zu Sankt Blasius
es Lammbraten geben muss.

Der Blasiustag
stößt dem Winter die Hörner ab.

Sankt Blas und Urban [25. 5.] ohne Regen,
folgt ein guter Erntesegen.

Kerzensegen im Schnee,
Palmkätzchenweihe im Klee.

5. Februar: hl. Agatha

Agatha (um 225–um 250) stammte der Überlieferung nach aus Catania (Sizilien) und erlitt wahrscheinlich unter Kaiser Decius den Märtyrertod. Ihre Verehrung verbreitete sich schon früh über Sizilien hinaus. Sie ist Patronin der Feuerwehr, der Ammen, Hebammen, Hirtinnen, Weber, Bergarbeiter, Hochofenarbeiter, Goldschmiede, Glockengießer, Glaser und Hungerleidenden; gegen den Ausbruch des Ätna; bei Kinderlosigkeit und Brandwunden sowie gegen Krankheiten der Brüste, Fieber, Brandgefahr, Hungersnot, Unwetter, Viehseuchen, Erdbeben und Unglück.

> An Agathe Sonnenschein,
> verspricht viel Korn und Wein.

> St. Agatha, die Gottesbraut,
> macht, dass Schnee und Eis gern taut.

> Ist Agathe klar und hell,
> kommt der Frühling nicht so schnell.

> Der Tag der heiligen Agathe,
> ist oftmals reich an Schnee.

> Am Fünften, am Agathentag,
> da rieselt das Wasser den Berg hinab.

> Am Agathentag,
> rieselt's das Wasser den Berg hinab.

6. Februar: hl. Dorothea

Dorothea (um 290– um 304) stammte aus einer christlichen Familie in Cäsarea in Kleinasien (heute Kayseri in der Türkei). Ihr Leben ist nur legendenhaft überliefert. Sie ist die Patronin der Blumengärtner und -händler, Bierbrauer, Bergleute, Bräute, Neuvermählten und Wöchnerinnen sowie gegen Armut, falsche Anschuldigungen, Geburtswehen und Todesnöte.

> Sankt Dorothee
> watet gern im Schnee.

> Kommt Dorothee mit Schnee,
> steht im Sommer der Klee.

> Bringt Dorothe recht viel Schnee,
> bringt der Sommer saftigen Klee.

> Manchmal bringt die
> Dorothee
> uns den allermeisten
> Schnee.

> Nach dem Dorotheentag,
> kein Schnee mehr gerne
> kommen mag.

Dorothee mit einem Korb voll
Rosen
lässt den Winter nochmals
tosen.

Dorothea feiert gern ein
Winterfest,
hängt Girlanden aus Schnee
in der Bäume Geäst.

Wärmt Dorothea mit Schnee die
Saaten,
wird's Korn vortrefflich im
Sommer geraten.

Streut Dorothea Schnee über
Wald und Feld,
ist's gut um unser täglich'
Brot bestellt;
doch fehlt dem Acker die weiße
Pracht,
sein Anblick den Bauer nicht
glücklich macht.

Wenn Dorothea noch Schnee
bestellt,
bringt Matthias [24. 2.] den
Frühling zur
Welt.

Vermehrt sich um Dorothea die
weiße Pracht,
um Roman [28. 2.] bestimmt der
Frühling erwacht.

Wenn Dorothea aus Eis noch
Brücken baut,
der Schnee um Roman [28. 2.]
ganz gewiss taut.

Wenn Dorothea über Pfützen
springt,
die Amsel erst im April wieder
singt.

Sankt Dorothee –
bring meist Schnee.

Hat Dorothea noch Winterkraft,
sie Wehen aus Schnee am Wegesrand schafft.

9. Februar: hl. Apollonia

Apollonia (2. Jh.–248) war eine angesehene, schon etwas ältere Frau in Alexandria. Sie wurde zusammen mit anderen Christen verschleppt. Ihr wurden die Zähne ausgeschlagen und die Kiefer zertrümmert, und man drohte ihr mit der Verbrennung auf dem Scheiterhaufen. Daraufhin stürzte sich Apollonia freiwillig in die Flammen und verbrannte. Sie ist die Patronin der Zahnärzte und hilft gegen Zahnschmerzen.

> Ist's an Apollonia feucht,
> der Winter spät entfleucht.
>
> Kommt die Jungfrau Apollonia,
> sind auch bald die Lerchen da.

12. Februar: hl. Eulalia

Eulalia von Barcelona (um 276–290) erlitt unter Kaiser Diokletian im Alter von 13 oder 14 Jahren das Martyrium. Sie starb nach zahlreichen Folterungen am Kreuz. Sie ist Patronin der Seefahrer und der Marine, für sicheres Segeln und sichere Schifffahrt sowie gegen Trockenheit.

> Wenn Eulalia hell und klar,
> gibt's ein gutes Bienenjahr.
>
> St. Eulalia Sonnenschein,
> bringt viel Obst und guten Wein.

12. Februar: Die sieben hll. Gründer des Servitenordens

1233 beschlossen sieben reiche Kaufleute aus Florenz, ihr Leben in den Dienst der Armen und Kranken zu stellen. Sie gründeten den Orden der Serviten nach der Regel des Augustinus. 1888 wurden diese sieben so, als ob sie eine Person wären, heiliggesprochen. Seit der Kalenderreform von 1969/70 ist der 17. Februar ihr Gedenktag.

> Ist's an Siebengründer kalt,
> bleibt der Winter halt.
>
> Wenn's an Siebengründer friert,
> bleibt der Winter ungeniert

14. Februar: hl. Valentin

Valentin († 269) war der Überlieferung nach ein armer, ehrsamer Priester, der ein blindes Mädchen geheilt haben soll. Hilfe und Trost Suchenden schenkte er eine Blume aus seinem Garten. Trotz eines Verbotes des Kaisers Claudius II. traute er Liebespaare, weshalb er enthauptet wurde. Valentin zählte schon bald zu den volkstümlichen Heiligen. Er ist Patron der Liebenden, Verlobten und Bienenzüchter.

Steht Sankt Valentin im Wasser,
wird das Frühjahr umso nasser.

Eier an Sankt Valentin
bringen meistens kein Gewinn.

Am Tage von Sankt Valentin
gehen Eis und Schnee dahin.

Ist's um Valentin noch weiß,
blüht an Ostern schon das Reis.

Kalter Valentin –
früher Lenzbeginn.

Trinkt Sankt Valentin viel
Wasser,
wird der Frühling umso
nasser.

An Sankt Valentein
friert's Rad mitsamt der
Mühle ein.

Hat's zu St. Valentin gefroren,
ist das Wetter lang verloren.

Kein Kalb, kein Huhn zur Zucht
gelingt,
wenn's Valentin zu Lichte
bringt.

Regnet es an Valentin,
ist die halbe Ernte hin.

Liegt an Valentin die Katz in der Sonne,
kriecht sie im März hinterm Ofen voll Wonne.

16. Februar: hl. Simeon von Metz

Simeon (4. Jh.–380) war der siebente Bischof von Metz. Er ist der Patron gegen Wassergefahren.

Friert's um Simeon ganz plötzlich,
bleibt der Frost nicht lang gesetzlich.

18. Februar: hl. Simon

Simon (1. Jh.) war ein „Herrenbruder" (Markus 6,3 und Matthäus 13,55) und der Bruder des „Herrenbruders" Jakobus. Als dieser im Jahr 62 den Märtyrertod erlitt, folgte Simon ihm als Leiter der Gemeinde von Jerusalem nach. Bei der Kalenderreform 1969/70 wurde sein Gedenktag auf den 27. April verlegt.

Hat der Simon eis'ge Füß',
ist ein kurzer Frost, gewiss.

Der Simon zeigt mit seinem Tage,
der Frost ist nicht mehr lange Plage.

19. Februar: sel. Konrad der Einsiedler

Konrad Confalonieri von Piacenza (ca. 1290–1351) entstammte einer adeligen Familie. Während einer Jagd befahl er, Feuer zu machen. Dieses verbreitete sich rasch und zerstörte Felder und Wälder. Als ein Bauer angeklagt wurde, das Feuer gelegt zu haben, bekannte Konrad seine Schuld, tat Buße und lebte fortan als Einsiedler in Noto (Sizilien). Er wurde sehr beliebt und ist Patron bei Leistenbruch.

Dem Konrad sein Mut
tut selten gut.

21. Februar: hl. Felix von Metz

Felix († Anfang 4. Jh.) war der dritte Bischof von Metz. Ansonsten gibt es keine gesicherten Nachrichten über ihn.

Der St. Felix zeiget an,
was 40 Tag' wir für Wetter han.

Bischof Felix zeiget an,
was wir in vierzig Tag für Wetter han.

Felix zeiget an,
was wir im März für Wetter ha'n.

22. Februar: Petri Stuhlfeier

Der Gedenktag Petri Stuhlfeier (*Cathedra Petri*) ist in Rom seit dem 4. Jahrhundert bekannt und erinnert an den Apostels Petrus und seine Übernahme des römischen Bischofsstuhles. Bis 1969 war zwar offiziell der 18. Januar sein Gedenktag, jedoch wurde schon davor im deutschsprachigen Raum der 22. Februar der kalendarische Gedenktag, der dann mit der Kalenderreform 1969/70 endgültig als solcher festgelegt wurde.

Petri Stuhlfeier kalt,
wird vierzig Tage alt.

Wenn's friert an Petri Stuhlfeier,
friert es noch vierzigmal heuer.

Auf Sankt Peters Fest
sucht der Storch sein Nest.

Um Sankt Peters Tag
sucht der Star den Schlag.

Ist Sankt Petrus kalt,
hat die Kälte noch Gewalt.

Sankt Petrus zeiget an,
was wir vierzig Tag' für Wetter han.

Sankt Peterlein. Sankt Peterlein,
wirft ins Eis einen heißen Stein.

Was man an Petri machen soll?
Erbsen pflanzen und auch Kohl.

Wenn zu Petri die Bäche sind offen,
wird auch kein Eis mehr auf ihnen getroffen.

Ist an Petrus das Wetter schön,
soll man Kohl und Erbsen säen.

Hat Petri Stuhlfeier Eis und Ost,[4]
bringt der Winter noch herben Frost.

Weht es sehr kalt um Petri Stuhl,
denn bleibt's noch 14 Tag kuhl.

Wie's Petrus und Matthias [24. 2.] macht,
so bleibt es noch durch vierzig Nacht.

Hat's in der Petersnacht gefroren,
dann lässt der Frost uns ungeschoren.

---

4 Ostwind.

Gefriert es in der Petersnacht,
dann auch noch lang das Eise kracht.

Ist an Petrus das Wetter gar schön,
kann man bald Kohl und Erbsen säen.

Sankt Klemens [23. 11.] uns den Winter bringt,
Sankt Petri Stuhl dem Frühling winkt,
den Sommer bringet Sankt Urban [25. 5.],
der Herbst fängt um Sankt Barthel [24. 8.] an.

Die Nacht zu Petri Stuhl zeigt an,
was wir noch 40 Tag für Wetter han.

Ist Petri Stuhlfeier kalt,
hat der Winter noch 40 Tage Gewalt.

War's in der Petersnacht sehr kalt,
hat der Winter noch lange Gewalt.

Ist St. Petrus kalt,
hat die Kält' noch lang Gewalt.

Petri Stuhlfeier kalt,
da wird der Winter sehr alt.

Nach der Kälte der Petersnacht,
verliert bald der Winter seine Kraft.

Ist es an Sankt Peter kalt,
hat der Winter noch lange Halt.

Ist es mild und nach Petri offen der Bach,
kommt auch kein großes Eis mehr nach.

Wenn zu St. Petri die Bäche sind offen,
wird später kein Eis mehr auf ihnen getroffen.

Schließt Petrus die Wärme auf und der Matthias [24. 2.]
dann wieder zu,
so friert das Kalb noch in der Kuh.

24. Februar: hl. Apostel Matthias

Die Apostelgeschichte berichtet (1,15–26), dass Matthias durch Los anstelle von Judas Iskariot zum Apostel berufen wurde. Über sein weiteres Leben gibt es keine genauen Berichte. Er soll um das Jahr 63 den Tod erlitten haben, wobei es verschiedene Überlieferungen darüber gibt. Zu Beginn des 4. Jahrhunderts sollen seine Gebeine nach Trier gebracht worden sein (Benediktinerabtei St. Matthias). Das wäre das einzige Apostelgrab nördlich der Alpen. Bis zur Kalenderreform 1969/70 war der 24. Februar der Gedenktag, in Schaltjahren der 25. Februar. Danach wurde sein Fest auf den 14. Mai verlegt. Er ist der Patron der Bauhandwerker, Zimmerleute, Schreiner, Schmiede, Metzger, Schweinehirten, Schneider und Zuckerbäcker; zum Schulbeginn von Jungen sowie gegen Pocken, Windpocken, Keuchhusten und eheliche Unfruchtbarkeit.

Mattheis bricht's Eis;
findt er keins, so macht er eins.

Sankt Mattheis kalt,
die Kälte lang anhalt.

Nach Sankt Mattheis
geht kein Fuchs mehr über's Eis.

Singt die Lerche am Matthiastag,
über Nacht folgt neue Plag.

Wie das Wetter Matthias
macht,
so bleibt es noch durch vierzig
Nacht.

Der Matthias bricht's Eis,
doch sacht',
sonst kommt die Kälte im
Frühjahr zu Macht.

Taut es vor und auf Mattheis,
sieht es schlecht aus mit dem Eis.

St. Matthias hab ich
lieb,
denn er gibt dem Baum den
Trieb.

Trat Matthias stürmisch ein,
kann's bis Ostern Winter sein.

Wenn Matthies kommt herbei,
legt das Huhn das erste Ei.

Die Sonne an Mattheis,
die wirft 'nen heißen Stein ins
Eis.

Imker, am Matthiastag,
deine Biene fliegen mag.

Nach dem Mattheis,
da trinkt die Lerche aus dem
Gleis.

Hat Matthias sei' Hack
verlor'n,
wird erst St. Josef [19. 3.] das Eis
durchbohr'n.

Taut es vor und nach
Matheis,
geht kein Fuchs mehr
übers Eis.

Ist's zu Matthias kalt,
hat der Winter noch lang Gewalt.

Wie's Petrus [23. 2.] und
Matthias macht,
so bleibt es noch durch
vierzig Nacht.

Schließt Petrus [23. 2.] die
Wärme auf
und der Matthias dann
wieder zu,
so friert das Kalb noch in
der Kuh.

Ist es an Matthias kalt,
hat die Kält' noch lang Gewalt.

Wenn neues Eis Matthias bringt,
so friert es noch 14 Tage;
wenn noch so schön die Lerche
singt –
die Nacht bringt neue Plage.

Bald nach dem Matthiastag,
springen die Frösche in den Bach.

25. Februar: hl. Walburga

Walburga (um 710–779) war die Tochter des Königs Richard von Wessex. Mit Bonifatius kam sie 750 nach Deutschland und lebte zunächst als Nonne in Tauberbischofsheim. 761 wurde sie Äbtissin von Heidenheim (Mittelfranken). Ihr Kloster wurde bald zu einem Mittelpunkt der christlichen Mission. Sie ist Patronin der Wöchnerinnen, Seeleute, Bauern und Haustiere; für das Gedeihen der Feldfrüchte; gegen Hungersnot und Missernte, Hundebiss, Tollwut, Pest, Seuchen, Husten, Augenleiden und Sturm. Zur Walpurgisnacht (30. April/1. Mai) siehe S. 113.

Walburgaschnee
tut immer weh.

Sankt Burgel
geht dem Winter an die Gurgel.

Wenn sich Sankt Walburgis zeigt,
der Birkensaft nach oben steigt.

So viel vor Michaelis [29. 9.] Reif und Schnee,
so viel an Walburgis deckt den Klee.

26. Februar: hl. Alexander von Alexandria

Alexander († 328) wurde 311 Bischof bzw. Patriarch von Alexandria und war ein Gegner des Irrlehrers Arius.

> Alexander und Leander [27. 2.]
> suchen/riechen Märzluft miteinander.

27. Februar: hl. Leander

Leander (um 545–ca. 600) stammte aus einer vornehmen Familie, sein jüngerer Bruder war Isidor von Sevilla, und wurde zuerst Mönch. Da die in Spanien dominierenden Westgoten den Arianismus bevorzugten, ging er ins Exil nach Konstantinopel. Er kehrte jedoch 583 nach Sevilla zurück und wurde 584 Erzbischof. Bei der Kalenderreform 1969/70 wurde sein Gedenktag auf den 13. März verlegt. Er ist der Patron gegen Rheumatismus.

> Alexander [26. 2.] und Leander,
> suchen Märzluft miteinander.

28. Februar: hl. Romanus

Romanus (5. Jh.–463/464) und sein Bruder Lupicinus gründeten das Kloster Condat, heute St-Claude, in Burgund.

> Romanus klar,
> sagt an ein gutes Jahr.

> St. Roman hell und klar,
> bedeutet stets ein gutes Jahr.

> An Romanus und Lupicinus [21. 3.]
> die Sonne scheinen muss.

Fas(t)nacht, Fasching, Karneval

In unserem Zusammenhang ist damit der Höhepunkt der „fünften Jahreszeit" gemeint, nämlich der Zeitraum vom Donnerstag vor Aschermittwoch (im Rheinland „Weiberfastnacht" genannt) bis zum Dienstag vor Aschermittwoch (Faschingsdienstag oder im Rheinland „Veilchendienstag" genannt). Die Datierung des Aschermittwochs hängt von jener des Osterfestes ab. Die mögliche terminliche Bandbreite beträgt daher mehr als einen Monat. Der früheste Faschingsdienstag ist der 3. Februar, der späteste der 10. März. Während die Lostage an einen bestimmten kalendarischen Tag, in der Regel der Heiligengedenktag, gebunden sind, ist es hier nun nicht so. Das betrifft natürlich die „Treffsicherheit" der angeführten Bauernregeln, wo gerade in der Zeit des Übergangs vom Winter zum Frühjahr oft unberechenbare Wettersituationen herrschen.

Gibt's um Fasnacht viel Stern,
dann legen die Hennen gern!

Fasnacht schön,
lässt ein gutes Jahr sehn.

Geht die Sonn' am Fasnachtsdienstag frühe auf,
gedeiht die Saat, merk' wohl darauf.

Ist an Fasnacht Sonnenschein,
werden Korn, Weizen und Erbsen gedeih'n.

Wenn an Fastnacht die Sonne scheint,
so kommt ein Winter nachgegreint.

Wenn an Fasnacht die Sonne scheint,
ist's für Korn und Erbsen gut gemeint.

Wenn die Mücken am Fasnachtsonntag geigen,
müssen sie über die ganzen Fasten schweigen.

Fasnachtsschnee
tut der Saat weh.

Läuft an Fastnacht das Wasser im Wagenreif,
wächst der Flachs lang wie ein Pferdeschweif.

Fastnacht schön –
Blümlein bald steh'n.

Aschermittwoch

Mit dem Aschermittwoch beginnen die vierzig Tage der Fastenzeit. Damit wird an die früher übliche Form des leiblichen Fastens während dieser vierzig Tage erinnert, was wiederum an das vierzigtägige Fasten Jesu in der Wüste anknüpft (Matthäus 4,1–11). Von den strengen Fasttagen sind heute nur noch der Aschermittwoch und der Karfreitag als Fast- und Abstinenztage geblieben. Die Fastenzeit beginnt mit dem Auflegen des Aschenkreuzes. Das Zeichen der Asche mahnt an die Vergänglichkeit des Lebens. Dieser Ritus wurde erstmals 1091 vollzogen. Bezüglich der Wetterregeln gilt natürlich der vorhin bei Fasnacht genannte Vorbehalt.

Wie es am Aschermittwoch wettert ein,
so soll es das ganze Fasten durch sein.

Wenn's am Aschermittwoch schneit,
noch vierzig Mal im Jahr es schneit.

Funkensonntag (erster Fastensonntag)

Der Funkensonntag, der erste Sonntag nach Aschermittwoch, erhielt seinen Namen vom Brauch des sog. Funkenfeuers. Dieser ist vor allem im schwäbisch-alemannischen Raum (Vorarlberg, Schweiz, Liechtenstein, Allgäu, Oberschwaben, Schwarzwald), sowie im Tiroler Oberland und im Vinschgau (Südtirol) aber partiell auch noch anderswo verbreitet. An diesem Sonntag oder am Samstag davor wird ein großer Holzturm oder Strohhaufen (Funken) abgebrannt, in den eine Funkentanne mit einer daran befestigten Hexenpuppe gesteckt ist. Dieser Brauch ist heidnischen Ursprungs und symbolisiert die Vertreibung des Winters.

Funkennacht mit Stern
hat der Bauer gern.

Wenn die Funken brennen,
muss der Winter rennen.

Sieht man am Funkensonntag viele Sterne,
dann gibt es in diesem Jahr viele Kirschen.

Wenn es am Funkensonntag lange Eiszapfen hat,
gibt es einen langen Flachs.

*Ist Gertrud sonnig,
wird's dem Gärtner wonnig.*

März

Lenzmonat, Frühlingsmonat, Lenzing

M ärz, der dritte Monat des Jahres mit 31 Tagen, war im altrömischen Kalender (bis 46 v. Chr.) der erste Monat des damaligen Jahres und Mars, dem Gott des Krieges und der Vegetation, geweiht. Daraus ergibt sich die Verschiebung der numerischen Monate September bis Dezember und dem Februar als Jahresende. Seit 153 v. Chr. traten in Rom die für ein Jahr gewählten Konsuln ihr Amt jeweils am 1. Januar an, der sich bald darauf als Jahresbeginn einbürgerte. Kaiser Karl I. der Große gab ihm den Namen Lentzinmanoth (Lenzmonat). Auf den 20. oder 21. März fällt der Frühlingsanfang, es ist Tag- und Nachtgleiche.

Im bäuerlichen Arbeitsjahr wurde im März das Holz aussortiert, das man brauchte, um die Zäune sowie Schäden an Haus, Stall und Scheune auszubessern oder Neues anzubauen. Das war Männerarbeit. Dachschindeln wurden gefertigt, Zaunholz gesägt. Gleich nach dem ersten Tauwetter, das je nach Lage schon im Februar, dann im März einsetzte, begann die Arbeit auf dem Acker und dem Feld: In den Wiesen mussten die Wassergräben gereinigt werden. Die Frauen arbeiteten in diesem Monat meist noch im Haus – außer der Bauerngarten konnte bereits bestellt und daraus das letzte Wintergemüse geerntet werden: Feldsalat, Grünkohl und Rosenkohl. Dann musste man die Beete vorbereiten, die Mulchschichten entfernen, den Boden lockern und glatt rechen sowie das sprießende Unkraut jäten. Im Keller keimten meist schon die ersten Frühkartoffeln.

März

Wie die letzten Tage im März,
wird die Herbstzeit allerwärts.

Donnert's im März,
lacht dem Bauer das Herz.

März trocken, April nass,
füllt dem Bauer Scheune und Fass.

Mit dem Merzen
ist schlecht scherzen.

Viel Märzennebel, das glaube mir,
bringt viel Gewitter im Sommer dir.

Märzensonne –
kurze Wonne.

Wer will dicke Bohnen essen,
darf des Märzens nicht vergessen.

Goldes wert ist Mertzenstaub,
er bringt reichlich Gras und Laub.

Ist der Märzen trocken,
gedeiht dafür der Roggen.

Zu Anfang oder zu End'
der März sein Gift send'.

Von wilden Blümlein die roten
und Spechte sind Frühlingsboten.

Märzenregen – der Sommer trocken
und die Ähren bleiben hocken.

Im Mertzen
spart man d'Kerzen.

So viel im Märzen Nebel dich plagen,
so viele Gewitter nach hundert Tagen.

Wie's im März wird regnen,
wird's im Juni wieder regnen.

Lange Schnee im März,
bricht dem Korn das Herz.

Auf Märzenregen
dürre Sommer zu kommen pflegen.

Märzenschnee
tut Frucht und Weinstock weh.

Märzenregen
bringt wenig Sommersegen.

Mitte Märzen
soll der Bauer im Feld rumsterzen.

Taut's im März nach Sommer Art,
bekommt der Lenz 'nen weißen Bart.

Märzengrün
bringt selten Ruhm.

Fürchte nicht den Schnee im März,
darunter schlägt ein warmes Herz.

Märzenschnee
tut den Feldern weh.

War im März viel Wind,
wird der Mai gelind.

Frühe Saat hat nie gelogen –
allzu spät hat oft betrogen.

Märzenregen
soll wieder aus der Erde fegen.

Wenn im März noch viel Winde weh'n,
wird's im Maien warm und schön.

März

Wenn sich heiter zeigt der März,
freut sich auch des Landmanns Herz.

Viel Schnee, den uns der März entfernte,
lässt zurück uns reiche Ernte.

Steckst' die Kartoffel im März,
so treibst du mit ihr Scherz.

Wenn der März viel Schnee verweht,
eine gute Ernt' in Aussicht steht.

Märzenschnee und Aprilenregen
bringen im Mai 'nen großen Segen.

Der März ist der Lämmer Scherz,
aber oft auch ihr Schmerz.

März – der Lämmer Scherz;
April – treibt sie wieder in die Still.

Soviel wie der Mertzen hat Nebel,
soviel Wetter der Sommer wird geben.

Sä'st du im März zu früh,
ist es oft vergeb'ne Müh.

Märzenschnee Mist,
Aprilenschnee Gift.

Was im März schon sprießen will,
das verdirbt dir der April.

März in der Blume, Sommer ohne Tau,
trocknen die Felder und dörren die Au.

Tanzen die Mücken im März auf dem Mist,
verschließt das Futter fest in der Kist'.

Maulwurfshaufen im März zerstreut,
lohnt sich wohl zur Erntezeit.

Kuckuck im Märzen –
ein Lenz nach dem Herzen.

Wenn im März die Kuckuck viel schreien,
kann man sich auf den Frühling freuen.

Den Märzenstaub, ihr Leute ehrt.
Ein Lot davon ist Taler wert.

März allzu feucht
macht das Brot leicht.

Ist der März zu licht,
gerät das Futter nicht.

Zuviel Märzenregen
wird magere Ernte geben.

Märzenstaub ist sehr begehrt,
ein Lot ist einen Dukaten wert.

Viel Regen im März,
macht dem Sommer dürres Herz.

Ist der März nass statt trocken,
so bleibt die Haue beim Felgen stocken.

März je trockener und heller,
umso voller der Keller.

März trocken, April nass, Mai luftig,
von allem was,
bringt Korn in Sack und Wein ins Fass.

März

Wenn Störche Eier aus dem Nest fegen,
gibt's ein Jahr mit sehr viel Regen.

Frauengeschmack und Märzenwill,
ändern sich gar schnell und viel.

Wenn im Mertzen Donner rollt,
gar oft der Mai im Schnee sich trollt.

Märzenregen zeigen an,
dass große Winde zieh'n heran.

Lässt der März sich trocken an,
bringt er Brot für jedermann.

Der März
hat Gift im Sterz.

Märzenstaub, Aprilenlaub und
Maienlachen
sind drei gute Sachen.

Dem Golde gleich ist Märzenstaub,
er bringt uns Korn und Gras und Laub.

Märzenstaub und Maienregen
kann man mit der Goldwaag wägen.

Eisige Winde im März
sind der Saaten Schmerz.

Steigt die Lerche stumm und nicht hoch,
kommt ein nasses Frühjahr noch.

Märzenferkel, Märzenfohlen,
alle Bauern haben wollen.

Soviel der März an Nebeln macht,
so oft im Juni Donner kracht.

Zu frühe Märzensaat ist nicht gut,
zu späte auch ein Übel tut.

Schnee, der nun im Märzen weht,
abends kommt und geht.

Am Anfang rau und mild beim Weichen,
das gilt im März als gutes Zeichen.

Märzenblüte
ist ohne Güte.

Siehst du im Märzen gelbe Blumen im
Freien,
magst du getrost deinen Samen
streuen.

Ist im März viel Mückenspiel,
dann sterben Bien' und Schafe viel.

Wenn's donnert in den Märzen hinein,
wird der Roggen gut gedeih'n.

Wer seinen Mist will verscherz',
der muss ihn fahren im März.

Märzengrün
ist bald wieder hin.

Wenn im März die Kraniche zieh'n,
werden bald die Bäume blüh'n.

Gibt es einen feuchten März,
bekommt der Bauer ein schweres Herz.

Schnee, der erst im Märzen weht,
abends kommt und morgens geht.

Wenn im März viel Winde weh'n,
wird der Maien warm und schön.

Ein Regen im März, der am Mittag
fällt,
sich meist zwei Tage am Orte
hält.

Wirft der Hirsch erst spät sein
Gweih',
lauert er, dass es im März noch
schnei'.

Märzenschein
lässt noch nichts gedeih'n.

Ist es im Märzen viel feucht,
bleiben die Kornböden leicht.

Je größer der Staub im Märzen,
je schöner die Ernte der Erbsen.

Ist der März der Lämmer Scherz,
beißt der April sie in den Sterz.

Frühes Märzenlaub
dient dem Frost als Raub.

Nebelt's im März,
windet's von südwärts.

Nimmt der März den Pflug beim Sterz,
hält April ihn wieder still.

Im Märzen kalt und Sonnenschein –
wird's eine gute Ernte sein.

Lässt der März sich trocken an,
bringt er Brot für jedermann.

Märzenschnee
tut den Saaten gruslich weh.

Märzenschnee und Jungfernpracht,
dauern oft kaum über Nacht.

Trockener März, nasser April, kühler
Mai,
füllt Keller, Scheuern und bringt viel
Heu.

Trockener März erfreut des Bauern
Herz;
feuchter, fauler März, ist Bauern
Schmerz.

Mertzenblust ist nicht gut;
Aprillenblust halb gut;
Mayenblust ganz gut.

Nasser März, trock'ner April –
das Futter nicht geraten will;
kommt dazu ein kalter Mai,
gibt's wenig Futter, Wein und Heu.

Schweigt im März der Kuckuck still,
klappert der Storch auf dem Dache viel,
zieht die wilde Gans ins Land hinein,
so wird's ein gutes Frühjahr sein.

Solange die Frösche vor Marzi schreien,
so lange müssen sie nach Marzi
schweigen.

Wenn im März die Veilchen blühen,
an Ludwig [25. 8.] schon oft die
Schwalben ziehen.

Gibt's im März zu vielen Regen,
bringt die Ernte wenig Segen.

Märzenstaub und Märzenwind
guten Sommers Vorboten sind.

März

Lostage im März

1. März: hl. Albinus

Albinus (Aubin) (um 469–554) war Augustiner Chorherr sowie Abt eines Klosters in Westfrankreich und wurde 529 Bischof von Angers. Er ist Patron der kranken Kinder sowie bei Blindheit und Keuchhusten.

> Ist Albinius Regentag,
> der Bauer sich nicht freuen mag.

> Regnet's stark zu Albinius,
> macht's dem Bauer viel Verdruss.

> Sankt Albin im Regen,
> kein Erntesegen.

> Wenn es an St. Albin regnet,
> gibt es weder Heu noch Stroh.

3. März: hl. Kunigunde

Kunigunde (um 978–1033) war die Tochter des Grafen Siegfried I. von Luxemburg und ehelichte den späteren Kaiser Heinrich II., der ebenfalls heiliggesprochen wurde. Sie ist die Patronin der schwangeren Frauen und kranken Kinder.

> Ist Kunigunde tränenschwer,
> dann bleibt gar oft die Scheune leer.

> Sonnige Kunigunde
> bringt frohe Kunde.

> Ist's an Kunigunde klar,
> gibt es ein gesegnet Jahr.

> Wenn's donnert an Kunigund
> bleibt das Wetter lange bunt.

> Sankt Kunigund
> macht warm von unt'.
>
> Wenn's an Kunigunde friert,
> sie's noch vierzig Nächte spürt.
>
> Lachende Kunigunde,
> bringt frohe Kunde.

4. März: hl. Kasimir

Kasimir (1458–1484) war ein Sohn des polnischen Königs Kasimir IV. und der Habsburgerin Elisabeth, einer Tochter König Albrechts II. Von 1479–1483 führte Kasimir in Vertretung seines Vaters in Polen dessen Regierungsgeschäfte. Da er Keuschheit gelobt hatte, lehnte er eine Heirat mit Kunigunde, der Tochter Kaiser Friedrichs III., ab. Er starb an der Schwindsucht und ist Patron gegen die Pest.

> Donnert es um Kasimir,
> bleibt der Winter lange hier.

6. März: hll. Perpetua und Felizitas

Perpetua und Felizitas (2. Jh.–202/203) gehören zu den ältesten zuverlässig bekundeten Blutzeugen. **Perpetua** stammte aus einer vornehmen Familie, **Felizitas** war ihre Sklavin. Beide bereiteten sich auf die Taufe vor und wurden deshalb verhaftet. Sie empfingen im Kerker die Taufe und wurden dann den wilden Tieren vorgeworfen und schließlich mit einem Dolch getötet. Bei der Kalenderreform 1969/70 wurde ihr Gedenktag auf den 7. März verlegt,

> Perpetua und Felizitas
> bringen das erste Gras.
>
> Perpetua kalt,
> Winter lang.

6. März: hl. Fridolin von Säckingen

Fridolin (5. Jh.–538?) stammte aus Irland. Von dort soll er als missionierender Wandermönch zuerst nach Gallien und dann in den alemannischen Raum gekommen sein. Dort baute er Klöster und Kirchen zu Ehren des hl. Hilarius, so u. a. auf der Rheininsel Säckingen, wo er später bestattet wurde. Er ist Patron der Schneider und des Viehs; gegen Feuer- und Wassergefahr, Viehseuchen, Kinderkrankheiten, Bein-, Knie- und Armleiden sowie für fruchtbares Wetter.

> An Sankt Fridolin
> bring den Pflug zum Felde hin.

> Um Sankt Fridolin
> zieht der strenge Winter hin.

> Am Tage von Sankt Fridolin,
> zieh'n Schaf und Schäfer wieder hin.

9. März: hl. Franziska

Franziska von Rom (1384–1440) entstammte einer Adelsfamilie. Sie war verheiratet, widmete sich der Kranken- und Armenpflege, gründete ein Kloster und wurde nach dem Tod ihres Mannes selber Nonne. Sie ist Patronin der Frauen und Autofahrer.

> Franziska sich Sonne einstellt,
> soll der Bauer bald auf's Feld.

9. März: hl. Gregor von Nyssa

Gregor von Nyssa (um 340–um 394) wurde in Cäsarea (heute Kayseri, Türkei) geboren. Nach dem Tod seiner Frau zog er sich in ein Kloster am Schwarzen Meer zurück und wurde 372 zum Bischof von Nyssa (heute Nevşehir, Türkei) geweiht. Bei der Kalenderreform 1969/70 wurde sein Gedenktag auf den 10. Januar verlegt.

> Scheint an Gregor die Sonne,
> herrscht bei Korn- und Weinbauern die Wonne.

10. März: Vierzigritter (hll. Vierzig Märtyrer von Sebaste)

Vierzig christliche Soldaten wurden nach 321 unter Kaiser Licinius zum Tode durch Erfrieren verurteilt. Sie mussten sich nackt in einer eisigen Winternacht bei Sebaste (dem heutigen Sivas in der Türkei) auf einen zugefrorenen Teich stellen. Die große Zahl und der grausame Tod brachten zahlreiche Legenden hervor. Seit der Kalenderreform 1969/70 ist der 9. März ihr Gedenktag.

Gefriert's an Vierzigritter stark,
gefriert's noch vierzig Nächte arg.

Kälte an den Vierzigrittern
lässt uns noch 40 Tage zittern.

Wie das Wetter auf 40 Ritter fällt,
vierzig Tag lang dasselbe anhält.

Wie die vierzig Märtyrer das
Wetter gestalten,
so wird es sich noch vierzig Tage
halten.

Stehen Vierzigritter im Schnee,
vierzig Tage dem Ofen tun weh.

Regen, den die 40 Märtyrer
senden,
wird erst nach 40 Tagen
enden.

An Vierzigritter kalter Wind,
noch vierzig Tage windig sind.

Friert's am Märtyrertag recht,
so friert's noch vierzig Nächt'.

Auf Vierzigritter Blitz,
kündet arge Sommerhitz'.

Ist's rau an Vierzigherrn,
so wird die Kälte länger währ'n.

11. März: hl. Rosamunde

Über Rosamunde oder Rosina († um 1300) gibt es keine gesicherten Nachrichten, doch sie wird als Einsiedlerin und Märtyrin verehrt, die in Wenglingen bei Kaufbeuren (Allgäu) gelebt haben soll.

Bringt Rosamunde Sturm und Wind,
so ist Sybilla [19. 3.] uns gelind.

Bringt Rosamunde Sturm und Wind,
ist er viel später uns gelind.

Sturm und Wind an Rosamunde
bringt gute Kunde.

12. März: hl. Gregor I. der Große

Gregor der Große (um 540–604) stammte aus einer römischen Patrizierfamilie. 590 wurde er gegen seinen Willen zum Bischof von Rom gewählt. Er ordnete dort die kirchlichen Verhältnisse sowie in den übrigen Kirchenprovinzen und stärkte die Vormachtstellung Roms innerhalb der Kirche. Auch in seelsorglicher und sozialer Hinsicht leistete er Hervorragendes. Er reformierte die Liturgie und den Kirchengesang. Bei der Kalenderreform von 1969/70 wurde der 3. September sein Gedenktag. Er ist der Patron des kirchlichen Schulwesens, der Bergwerke; des Chor- und Choralgesanges; der Gelehrten, Lehrer, Schüler, Studenten, Sänger, Musiker, Maurer, Knopfmacher sowie gegen Gicht und Pest.

Geht um Gregor der Wind,
so geht er, bis Sankt Jörgen
[23. 4.] kimmt.

Um Gregor
kommt die Schwalbe vor.

An Gregor soll der Roggen so
hoch steh'n,
dass wir die Krähen darin nicht
mehr seh'n.

Sankt Gregor und das Kreuze
macht
den Tag so lang als wie die
Nacht.

Ist es an Gregori schön,
lässt der Fuchs sich seh'n.

Gregor zeigt dem Bauern an,
dass im Feld er säen kann.

Wenn sich Gregori stellt,
muss der Bauer mit der Saat
auf's Feld.

Weht an Gregorius der Wind,
noch vierzig Tage windig sind.

Nach dem Tag des Gregorei
legt auch die wilde Ent' ihr Ei.

Wenn Gregor grobes
Wetter ist,
geht der Fuchs aus der Höhle;
ist es schön,
so bleibt er 14 Tage noch
darinnen.

Am Gregorstag,
schwimmt das Eis ins Meer.

An Gregor kommt die Schwalbe über des Meeres Port –
und an Bartholomäus [24. 8.] ist sie dann wieder fort.

14. März: hl. Mathilde

Mathilde (um 895–968), auch Mechthild genannt, war mit dem späteren König Heinrich I. vermählt. Beider Sohn war der spätere Kaiser Otto I. Mathilde war ebenso fromm und demütig wie weltoffen und klug. Ihr Leben war ausgefüllt mit Werken tätiger Nächstenliebe.

> Mathilde
> führt viel im Schilde.

> Mathilde sagt dem Bauer an,
> ob er's Feld bestellen kann.

> Mathilde noch Schnee,
> tut den Früchten weh.

15. März: hl. Lukretia

Lukretia (Leocritia) († 859) war die Tochter vermögender Eltern in Cordoba, das damals von den Mauren beherrscht war. Sie bekehrte sich vom Islam zum Christentum und wurde deswegen enthauptet.

> Lucretia feucht,
> bleiben die Kornsäcke leicht.

17. März: hl. Gertrud von Nivelles

Gertrud (626–659) trat mit 14 Jahren in das Kloster Nivelles (südlich von Brüssel) ein und wurde dort 652 zur Äbtissin gewählt. Sie trat für die Bildung der weiblichen Jugend ein. Daneben kümmerte sie sich um Arme, Kranke und Sterbende, Witwen, Pilger und Gefangene. Sie ist Patronin der Krankenhäuser; der Armen, Witwen, Pilger und Gefangenen, Herbergen und Reisenden, Gärtner, der Feld- und Gartenfrüchte sowie gegen Ratten- und Mäuseplagen und gegen Fieber.

März

Gertraud
ist die erste Magd im Kraut.

Sankt Gertraud
ist die erste Sommerbraut.

Gertrud mit der Maus
treibt die Spinnerinnen raus.

Gertraude nützt dem Gärtner
fein,
wenn sie kommt mit
Sonnenschein.

Sonniger Gertrudtag,
Freude dem Bauern bringen mag.

Ist Gertrud sonnig,
wird's dem Gärtner wonnig.

Gertraud
säe Zwiebeln und Kraut.

St. Gertraud mit dem frommen
Sinn,
geht aus als erste
Gärtnerin.

Sankt Gertraud –
Äcker und Garten baut.

Sieht St. Gertraud Eis,
wird das Jahr nicht heiß.

Sankt Gertrud
die Erde öffnen tut.

Gert',
steckt den Brand in die Erd'.

Bekannt ist, dass auf
Gertrudfest
der Storch besucht sein altes
Nest.

Gertraud bringt die Störche her,
Bartholomäus [24. 8.] macht die
Nester leer.

Sankt Gertrud
legt Ent' und Put'.

Friert's am Tage von Gertrud,
der Winter noch vierzig Tage
nicht ruht.

An Gertrud ist gelegen,
die Bohne in die Erd' zu legen.

Es führt Sankt Gertraud
die Kuh zum Kraut,
die Bienen zum Flug,
die Pferde zum Zug.

Willst du dicke Bohnen essen,
darfst du Gertrud nicht
vergessen.

19. März: hl. Josef

Über Josef berichten die Kindheitsgeschichten bei Lukas und Matthäus jeweils in den ersten beiden Kapiteln. Nach der Überlieferung lebte er als Zimmermann in Nazaret. Darüber hinaus bleibt seine Gestalt weitgehend im Dunkeln. Er ist Patron der Ehepaare und Familien, Kinder, Jugendlichen und Waisen, der Jungfräulichkeit; der Arbeiter, Handwerker, Zimmerleute, Holzhauer, Schreiner, Wagner, Totengräber, Ingenieure, Erzieher, Pioniere, Reisenden und Verbannten, der Sterbenden; bei Augenleiden; in Versuchungen und Verzweiflung, bei Wohnungsnot sowie für einen guten Tod.

Ist's am Josefstag schön,
kann's nur gut weitergeh'n.

Ist's an St. Josef schön und klar,
erfreut uns ein gutes Jahr.

Sankt Josef sorget schnell dafür,
dass zugesperrt bleibt
d'Wintertür.

Ist es klar am Josefstag,
spart er uns viel Not und Plag.

Wenn's erst einmal Josefi ist,
so endet auch der Winter g'wiss.

Josef klar –
gut Honigjahr.

Schöner Josefstag –
das Jahr gut werden mag.

Am Josefstag,
löscht d'Näherin das Lichtlein ab.

Josef macht behände
dem Winter ein Ende.

Am Josefstag,
soll der faulste Bauer am
Acker sein.

19. März: sel. Sibylle

Sibylle (Sibillina) (1287–1367) war früh Waise, arbeitete als Magd und erblindete mit zwölf Jahren. Sie lebte dann als Reklusin in der Dominikanerkirche in Pavia. Dort suchten viele ihren Rat, und sie wurde bald als Heilige verehrt. Sie ist Patronin der Mägde.

Bringt Rosamunde [11. 3.] Sturm und Wind,
so ist Sybilla uns gelind

21. März: hl. Lupicinius

Lupicinius (um 400–um 480) stammte aus Burgund und gründete die Klöster Condat und St-Lupicin, deren Abt er war.

> An Romanus [28. 2.] und Lupicinius,
> die Sonne scheinen muss.

21. März: hl. Benedikt

Benedikt von Nursia (um 480–547) war zuerst Eremit und gründete 529 das Kloster Monte Cassino, wo er seine Ordensregel formulierte. Er gilt als Vater des abendländischen Mönchtums. Nach der Kalenderreform von 1969/70 wurde der 11. Juli sein Gedenktag. Er ist der Patron von Europa; der Schulkinder und Lehrer; der Bergleute, Höhlenforscher, Kupferschmiede, der Sterbenden; sowie gegen Pest, Fieber, Entzündungen, Nieren- und Gallensteine, Vergiftung und Zauberei.

> Benedikt Schnee –
> vierzehn Tage oder no meh.

> Der Benedikt leitet deine Hand,
> säest du mit ihm die Frucht in's Land.

> Willst Gerste, Erbsen, Zwiebeln dick,
> so sä' sie an Sankt Benedik.

> Dä Benedik
> macht Bölle[5] dick.

> Wie das Wetter zu Frühlingsanfang
> ist es den ganzen Sommer lang.

> Säst du Benedikt die Zwiebeln,
> werden sie das nicht verübeln.

> An St. Benedikt acht wohl,
> dass man Hafer säen soll.

> Soll die Gerste üppig steh'n,
> muss man sie an Sankt Benedikt sä'n.

> Sankt Benedikt,
> den Garten schmückt.

---

5 Zwiebeln.

Wie das Wetter um den Frühlingsanfang,
so hält es sich meist den Sommer lang.

Wie sich die Sonne zum Frühling wendet,
so auch unser Sommer endet.

23. März: hl. Otto

Otto (Otho) († um 1120) war Einsiedler in Ariano Irpino bei Neapel.

Weht kalter Wind am Ottotag,
das Wild noch vier Wochen Eicheln mag.

24. März: Erzengel Gabriel

Der Erzengel Gabriel ist der Botschafter Gottes, der dem Zacharias einen Sohn (Johannes den Täufer) ankündigt und Maria verkündet, dass sie Mutter des Sohnes Gottes werden soll (Lukas 1). Bei der Kalenderreform 1969/70 wurde der 29. September der gemeinsame Gedenktag der drei Erzengel Gabriel, Michael und Raphael. Er ist Patron des Fernmelde- und Nachrichtendienstes, der Boten, Postboten, Postbeamten und Briefmarkensammler sowie gegen eheliche Unfruchtbarkeit.

Scheint auf Sankt Gabriel die Sonn',
hat der Bauer Freud' und Wonn'.

25. März: Mariä Verkündigung

Mariä Verkündigung (*In Annuntiatione B. M. V.*) bezieht sich auf die Ankündigung der Geburt Jesu an Maria durch den Erzengel Gabriel (Lukas 1,26–38). Mit dem Datum des 25. März, neun Monate vor Weihnachten, ist dieses Fest in der Ostkirche seit dem 5. Jahrhundert bezeugt. Maria ist an diesem Tag Patronin der Bäcker, Brettschneider, Garköche, Metzger, Weber, Postboten und Zeitungsausträger.

März

Ist's an Marien schön und hell,
gibt's viel Obst auf alle Fäll.

Ist's an Marien schön und rein,
wird das Jahr sehr fruchtbar sein.

Sankt Marien schön und rein,
kündet an des Jahrs Gedeih'n.

An Mariä Verkündigung
kommen die Schwalben wiederum.

Maria bläst s'Licht aus,
Michel [29. 9.] steckt's wieder an.

Wasser auf die Wintersaat
schadet nicht vor, aber nach Marientag.

Schöner Verkündigungsmorgen
befreit den Bauer von vielen Sorgen.

Lein gesät am Marientag,
wohl dem Nachtfrost trotzen mag.

Kommen die Nebel nach dem Marientag,
den Reben kein Frost mehr schaden mag.

Wenn Maria sich verkündet,
Storch und Schwalbe heimwärts findet.

Mariä bindet die Reben auf,
nimmt auch leichten Frost in Kauf.

Mariä Verkündigung
stößt den Weibern s'Licht um.

Zum Verkündigungsfest
haben die Kiebitze ihr Ei im Nest.

Ist vor Mariä Verkündigung der Himmel klar,
bedeutet es ein gutes Jahr.

Hat's in Mariennacht gefroren,
werden noch vierzig Fröste geboren.

Kommen noch Nebel nach diesem Tag –
den Reben kein Frost mehr schaden mag.

Sternenmengen am Verkündungsmorgen
befreit den Landmann von vielen Sorgen.

Ist Maria schön und klar,
naht die ganze Schwalbenschar.

An Mariä Verkündung hell und klar
ist ein Segen für das ganze Jahr.

War vor Mariä Verkündung der Nachthimmel hell und klar,
bedeutet es ein gutes Wetterjahr.

26. März: hl. Ludger

Ludger oder Liudger (um 742–809) stammte aus Friesland und wurde 804/805 zum ersten Bischof von Münster geweiht.

> Ist es um Ludger draußen feucht,
> bleiben auch die Kornböden leicht.

27. März: hl. Rupert

Rupert (7. Jh.–um 718) stammte wahrscheinlich aus Worms und kam um 700 nach Salzburg. Er gründete dort die Benediktinerabtei St. Peter sowie das Frauenkloster auf dem Nonnberg und wurde der erste Bischof von Salzburg. Im deutschen Sprachraum ist der 24. September sein Gedenktag. Er ist Patron des Salzbergbaus, der Salzarbeiter sowie der Hunde.

> Ist an Rupert der Himmel rein,
> so wird er's auch im Juli sein.

> Rupertus
> man raupen muss.

29. März: sel. Berthold

Berthold (12. Jh.–1195) stammte aus Südwestfrankreich geboren und ließ sich um ca. 1055 auf dem Berg Karmel (nahe der heutigen Stadt Haifa in Israel) nieder. Hier bildete er zusammen mit weiteren Einsiedlern eine Mönchsgemeinschaft, aus der später die Karmeliter entstanden.

> Wie St. Berthold gesonnen,
> so der Frühling wird kommen.

30. März: hl. Quirinus

Über Quirinus (1. Jh.–um 115) gibt es keine historisch sicheren Kenntnisse. Er soll zusammen mit seiner Tochter in Rom den Märtyrertod erlitten haben. Um 1000 gelangten Quirinus-Reliquien nach Neuss (Nordrhein-Westfalen). Im deutschsprachigen Raum ist der 30. März sein Gedenktag, ansonsten ist es der 30. April. Er ist der Patron der Ritter, Pferde und Rinder sowie gegen Bein- und Fußleiden, Gicht, Lähmung, Eitergeschwüre, Hautausschlag, Pest, Ohrenschmerzen, Kropf, Fisteln, Knochenfraß, Pocken und Pferdekrankheiten.

> Wie der Quirin,
> so der Sommer.

*Grollt der Donner im April,
ist vorbei des Reifes Spiel.*

April

Ostermonat, Sprossmonat, Launing, Ostermond

April, der vierte Monat des Jahres mit 30 Tagen, war nach der altrömischen Zeitrechnung der zweite Monat und erhielt seinen Namen wahrscheinlich vom lat. Verbum *aperire*, was öffnen oder aufblühen bedeutet. Vielleicht ist der Name April aber auch vom lat. *aper* (Eber) herzuleiten, den die Römer in diesem Monat opferten. Das Osterfest fällt zumeist in diesen Monat, daher bekam er später die Bezeichnung Ostarmanoth (Ostermonat). Wettermäßig gilt der April als unbeständig („der April macht, was er will"), was seine Ursache im Übergang vom Winterhalbjahr zum Sommerhalbjahr hat.

Im bäuerlichen Arbeitsjahr waren April die anfallenden Feldarbeiten zu erledigen: Wiesen und Äcker wurden gedüngt. Dann begann die Aussaat: Zuerst der Hafer, später dann die Gerste und zuletzt die Kartoffeln. An regnerischen Tagen rieb man den Dünger auf den Wiesen mit einer Egge in den Boden ein und zerkleinerte ihn dadurch. Bei trockenem Wetter wurden die Reste dann weggeräumt. Wer im Herbst noch Gründünger ausgesät hatte, pflügte diesen jetzt unter und säte neuen auf den Feldern, die in diesem Jahr brachliegen sollten oder erst für die Herbst- und Wintersaat in Frage kamen. Bei all diesen Arbeiten gingen die Frauen den Männern tüchtig zur Hand und bestellten nebenbei noch den Bauerngarten am Haus: Sommerblumen konnte man jetzt ebenso aussäen wie Gewürzkräuter und einzelne Gemüsesorten.

Bauen im April die Schwalben,
gibt's viel Futter, Korn und Kalben.

Bleibt der April recht sonnig und warm,
macht es den Bauer auch nicht arm.

Fängt der April an wie ein Schmer,
so endet er rau wie ein Bär.

Ist der April sehr trocken,
geht der Sommer nicht auf Socken.

Frösche zu Anfang April
bringen den Teufel ins Spiel.

Am besten hat's Petrus im April,
er kann's Wetter machen wie er will.

Wenn die Frösche quaken im April,
noch Schnee und Regen kommen will.

Der April macht die Blum',
und der Mai hat den Ruhm.

Je eher im April der Schlehdorn blüht,
je früher der Bauer zur Ernte zieht.

Hat der April Schneelist,
ist's besser als Schafmist.

Schnee im April
gut düngen will.

Ist der April auch noch so gut,
er schneit dem Bauer auf den Hut.

April oder Maien –
einer wird schneien.

April windig und trocken,
macht alles Wachstum stocken.

April und Mai
rühren fürs Jahr den Brei.

Wenn im April die Maikäfer fliegen,
bleiben die meisten im Schmutze liegen.

Aprilflöcklein
bringen Maiglöcklein.

Je mehr im April die Regen strömen,
desto mehr wirst du vom Felde nehmen.

Nasser April
verspricht der Früchte viel.

Tiefer Aprilenschnee
tut niemand weh.

Siehst du im April die Falter tanzen,
kannst du getrost im Garten pflanzen.

Maikäfer, die im April schwirren,
müssen im Mai erfrieren.

Jungfernlieb und Blumenblätter
vergehen wie Aprilenwetter.

Ein richtiger April,
der macht was er will.

Aprile-Gülle
tuet de Puure d'Chäschte fülle.

Aprilregen –
der Felder Segen.

April

Wenn der April Spektakel macht,
gibt's Heu und Korn in voller Pracht.

Märzenschnee frisst –
Aprilenschnee mist't.

Blüht im April der Maulbeerbaum,
gibt es Kälte und Frost noch kaum.

Wenn am Schlehdorn im April schon
Blüte hängt,
Reife der Roggen vor Jakobi [25. 7.]
empfängt.

April warm und nass –
tanzt die Magd um's Butterfass.

Um Heu und Korn wird schlimm es
steh'n,
je später wir Blüten am Schlehdorn
seh'n.

April und Mai fürwahr,
sind die Schlüssel für's Jahr.

Der März am Schwanz, der April ganz,
der Mai neu, halten selten Treu.

Säen am 1. April
verdirbt den Bauern mit Stumpf und Stiel.

Was der März nicht will,
das holt sich der April.

Der April treibt sein Spiel.
Treibt er's toll, wird die Tenne voll.

Wenn der April bläst in sein Horn,
so steht es gut um Heu und Korn.

Je zeitiger im April die Schlehe
blüht,
Umso früher vor Jakobi [25. 7.] die Ernte
glüht.

Es ist kein April so gut,
er macht jedem Stecken einen Hut.

Kommt der April dem Mai
gelegen,
wird er ihm halb Laub und halb Gras
geben.

Bringt der April viel Regen,
so deutet es auf Segen.

April dürre,
macht die Hoffnung irre.

Aprilenwetter und Frauentreu,
das ist immer einerlei.

April warm, Mai kühl, Juni nicht nass,
füllt dem Bauer Scheune und Fass.

Grünen die Eichen vor dem Mai,
zeigt's, dass der Sommer fruchtbar sei.

Der April ist ein Freiherr,
er gibt Segen und Schnee her.

Heller Mondschein im April,
gilt bei Wein und Obst nicht viel.

Heller Mondschein im April,
bringt Reif so viel er will.

Aprilwetter und Herrengunst –
darauf zu bauen, ist umsunst.

Wie im April die süßen Kirschen blühen,
die Reben und der Roggen glühen.

Wenn die Immen im April nicht auffliegen,
bleibt der Winter noch etwas liegen.

Warme Regen im April,
bringen Ernte gut und viel.

Der April treibt sein Spiel,
der Mai hat auch noch Launen viel.

Aprilenschnee
bringt Gras und Klee.

Im April ein Schauer Schnee,
keinem Dinge tut er weh.

April nass und kalt,
wächst das Korn wie ein Wald.

Der April ist ein launischer Gesell,
bald ist er trüb, bald ist er hell.

Aprilwetter und Kartenglück
wechseln jeden Augenblick.

April trocken
lässt die Keime stocken.

Im April
wächst das Gras in Füll.

Ist der April schön und rein,
wird der Mai umso wilder sein.

Bald trüb und rau, bald licht und mild,
ist der April des Menschen Ebenbild.

Wohl hundertmal schlägt's Wetter um –
das ist dem April sein Privilegium.

Donner im April
ist des Winzers Will'.

Ist der April zu schön,
kann im Mai der Schnee noch weh'n.

Im April muss der Holunder sprossen,
sonst wird des Bauern Mien' verdrossen.

Bläst der April mit beiden Backen,
gibt's genug zu jäten und zu hacken.

Kommt der Storch schon im April,
weiß man nicht, was er hier will.

Dürrer April
stellt die Mühle still.

April, das ist der Mond,
in dem sich Spargelstechen noch nicht lohnt.

Gras, das im April wächst,
steht im Mai fest.

Schießt im April das Gras,
bleibt der Maimond kühl und nass.

Wächst das Gras schon im April,
stet's dafür im Maien still.

Hat's im April tüchtig gegossen,
dann wird im Mai das Unkraut sprossen.

April macht die Knospen rund,
Mai öffnet ihnen den Mund.

April

Wer im April erst den Weinstock
bindet,
wenig Wein im Herbste
findet.

Heller Mondschein in der Aprilnacht,
schadet leicht der Blütenpracht.

Zeigt sich im April die Blüte,
wird die Frucht von mäßiger Güte.

Bläst im April der Nord,[6]
so dauert gutes Wetter fort.

Lässt der April feuern,
so füllen sich die Scheuern.

April
frisst der Lämmer viel.

Kalter April,
bringt Brot und Wein viel.

Aprilensturm und Regenwucht,
künden Wein und gold'ne Frucht.

Die Menschen und Aprilen
haben ihre Grillen.

Wenn der April stößt rau ins Horn,
so steht es gut um Heu und Korn.

Der April kann rasen –
nur der Mai halt' Maßen.

Kommt die Weihe geflogen,
so ist der Winter verzogen.

Ein dürrer April
ist nicht der Bauern Will.

Rauer April
den Kasten füll.

Aprilregen
ist dem Bauer gelegen.

April, dein Segen
heißt Sonne und Regen.

April häng' den Hagel
an den Nagel.

Der April die Blume macht,
der Mai gibt ihr die Farbenpracht.

Herrengunst, Aprilenwetter,
Frauenlob und Rosenblätter,
Kartenglück und Würfelspiel,
wechseln viel – wer's glauben will.

April und Weiberwill
ändern sich schnell und viel.

---

6 Nordwind.

Lostage im April

Palmsonntag

Am Palmsonntag beginnt die Karwoche. Er erinnert an den Einzug Jesu in Jerusalem, über den alle vier Evangelisten berichten. Etwa seit dem Jahr 400 gab es in Jerusalem den Brauch, in feierlicher Prozession vom Ölberg in die Stadt zu ziehen. Im Mittelalter übernahm die Kirche des Westens den Brauch der Palmprozession.

> Ist's am Palmsonntag hell und klar,
> so gibt's ein gut und fruchtbar Jahr.

> Am Palmsonntag Sonnenschein
> soll ein gutes Zeichen sein.

> Die Woche vor Palmsonntag
> man nicht säen mag.

> Palmen im Klee,
> Ostern im Schnee.

Gründonnerstag

Der Name Gründonnerstag geht wahrscheinlich auf das mittelhochdeutsche Wort *gronan* (weinen) zurück (vgl. greinen, grienen). In der Messe am Abend steht das Letzte Mahl Jesu mit seinen Jüngern am Abend vor seinem Tod im Mittelpunkt. Das Johannesevangelium (13,1–20) berichtet von der Fußwaschung. Daher wird an diesem Abend auch eine solche vorgenommen. Nach dem Gloria des Gottesdienstes verstummen die Glocken und die Orgel bis zur Feier der Osternacht. Der Legende nach „fliegen die Glocken nach Rom". An ihrer Stelle ertönen am Karfreitag und Karsamstag zum Morgen, Mittag und Abend Geräusche aus Holzvorrichtungen – je nach den Bräuchen in den verschiedenen Gegenden (z. B. sog. „Ratsch'n"). Vom Altar wird aller Schmuck entfernt, und die konsekrierten Hostien werden zu einem Nebenaltar getragen.

Gründonnerstag weiß –
Sommer heiß.

Gründonnerstagregen
gibt selten Erntesegen.

Gründonnerstag pflanz' Myrthe ein,
dann wird sie dir zur Freud' gedeih'n.

Was an Gründonnerstag gesät,
in Feld und Garten wohl gerät.

Karfreitag

Der Karfreitag steht ganz im Zeichen des Gedenken an das Leiden und den Tod von Jesus. Der Begriff Kar leitet sich vom althochdeutschen *kara* = Trauer, Klage ab.

Karfreitags-Regen
ist Gottes Segen.

Karfreitagsregen
kommt ungelegen.

Wenn es am Karfreitag regnet,
ist das ganze Land gesegnet.

Gibt Karfreitag und Ostern starken Regen,
kann's auf der Wiese viel Futter geben.

Karfreitag- und Osterregen
soll einen trockenen Sommer geben.

Wenn's dem Herrn regnet ins Grab,
ein trockener Sommer folgen mag.

Ostern

Die Feier der Osternacht ist der Höhepunkt zum Ende der Karwoche im Übergang zum Ostersonntag. An diesem Tag wird die Auferstehung Jesu von dem Toten gefeiert. Nach dem Sabbat (Samstag) war das bei den Juden der erste Tag der Woche. Die Urchristen haben schon sehr früh an diesem Tag ihren Gottesdienst im Gedenken an dieses Ereignis abgehalten. Woher die deutsche Bezeichnung Ostern kommt, ist unklar. Vermutlich steht dahinter eine falsche Übersetzung des lateinischen *hebdomada in albis* (= Woche in weißen Kleidern), wobei man *in albis* als Plural von *alba* (= Morgenröte) verstand und es mit dem althochdeutschen *eostarum* übersetzte.

Ist's von Ostern bis Pfingsten schön,
wird billige Butter am Markte steh'n.

Regen am Ostersonntag,
jeden Sonntag Regen bis zum Pfingsttag.

Wind, der von Ostern bis Pfingsten regiert,
im ganzen Jahr sich nicht verliert.

Wenn zu Ostern die Sonne scheint,
sitzt der Bauer am Speicher und weint.

Regnet's in die Ostern rein,
wird zu Wasser auch der Wein.

Oster- und Karfreitagsregen
bringen selten Erntesegen.

Osterferkel, Osterfohlen
alle Bauern haben wollen.

Ostern weiß vom Schnee,
Pfingsten der Schierling auf Heckenhöh.

Regnet's in die Osterglocken,
wird der ganze Sommer trocken.

Wird's am Ostertage regnen,
so wird dürres Futter begegnen.
Ist's aber schön am selben Tag,
so wird gut das Schmalz
und wohlfeil bei der Waag.

1. April: Scherz verscheucht Unheil

Warum man an diesem Tag Mitmenschen „in den April schickt", also in die Irre führt, und ähnliche Scherze macht, ist letztlich unbekannt.

Den 1. April musst du gut übersteh'n,
dann kann dir nichts Böses mehr gescheh'n.

Säen am 1. April
verdirbt den Bauern mit Stumpf und Stiel.

2. April: Rosamunde

Rosamunde († um 1100) war die Frau eines nordfranzösischen Grundherren. Als dieser starb, lebte sie als Einsiedlerin in Vernon an der Seine. Sie wurde nach ihrem Tod verehrt, jedoch nicht heiliggesprochen. Ihr eigentlicher Gedenktag ist der 30. April.

Bringt Rosamunde Sturm und Wind,
so ist Sybilla [19. 3.] uns gelind.

Bringt Rosamunde Sturm und Wind,
ist er viel später uns gelind.

Sturm und Wind an Rosamunde
bringt gute Kunde.

3. April: hl. Christian

Chrestus (Christian) († Anfang 4. Jh.) ist ein im Martyrologium Romanum erwähnter Märtyrer mit diesem Gedenktag, über den es aber ansonsten keine weiteren Nahrichten gibt.

Christian
fängt zu säen an.

Wer an Christian säet Lein,
bringt schönen Flachs in seinen Schrein.

4. April: hl. Ambrosius

Ambrosius (um 339–397) ist einer der vier großen lateinischen Kirchenväter. Als er 374 nach dem Tod des Mailänder Bischofs zwischen streitenden Parteien vermitteln wollte, wählte man ihn selbst zum Bischof. Er führte sein Bischofsamt mit großer Sorgfalt und Klugheit. Sein eigentlicher Gedenktag ist der 7. Dezember. Der 4. April ist sein Todestag, der partiell auch als Gedenktag überliefert ist. Er ist Patron der Krämer, Imker, Wachszieher und Lebkuchenbäcker; der Bienen und Haustiere sowie des Lernens.

Ambrosius schickt ins Feld den letzten Pflug,
entlässt die Imme zum Honigflug.

Oft schneit Ambrosius
dem Bauern auf den Fuß.

Erbsen sä' an Ambrosius,
sie tragen reich und geben gut Mus.

Ist Ambrosius schön und rein,
wird auch Florian [4. 5.] milder sein.

Wer an Ambros Zwiebeln sät,
dem seine Arbeit wohl gerät.

Sankt Ambros
lässt den Winter los.

Ist Ambrosius schön und rein,
wird Sankt Florian [4. 5.] ein Wilder sein.

5. April: hl. Vinzenz Ferrer

Vinzenz Ferrer (1350–1419) war einer der größten Bußprediger des Mittelalters, der viele Menschen bekehrte. Er ist Patron der Ziegelmacher, Holzarbeiter, Bauarbeiter, Dachdecker und Bleigießer; gegen Kopfschmerzen, Epilepsie, Fieber und Gefahren aller Art sowie für gute Heirat und Fruchtbarkeit und einen seligen Tod.

Ist St. Vinzenz Sonnenschein,
gibt es vielen guten Wein.

Ist St. Vinzenz Sonnenschein,
bringt es viele Körner ein.

Tritt St. Vinzenz in die Hall',
bringt er uns die Nachtigall.

8. April: hl. Amantius

Amantius oder Amandus († um 446/449) war Bischof von Como.

Wenn es viel regnet um den Amantiustag,
ein dürrer Sommer folgen mag.

Ist's um Amandus schön,
wird der Sommer keine Dürre seh'n.

9. April: hl. Waltraud

Waltraud (Waldetrudis) (7. Jh.–um 688) wurde als Fränkin im heutigen Frankreich geboren. Nachdem ihre vier Kinder groß geworden waren, trennten sich die beiden Eheleute voneinander, um ihr Leben Gott zu weihen. Sie erbaute im heutigen Mons (Belgien) ein Kloster, wo sie als Äbtissin bis zu ihrem Tod lebte.

Hört Waltraud nicht den Kuckuck schrei'n,
dann muss er wohl erfroren sein.

Bringt Genoveva [3. 1.] uns Sturm und Wind,
so ist uns Waltraud oft gelind.

10. April: Prophet Ezechiel

Ezechiel († 571 v. Chr.) ist einer der großen Propheten des Alten Testaments. Er ging mit den Juden ins Exil nach Babylon, wo er als Märtyrer starb.

Von Ezechiel bis Jürgen [23. 4.]
soll man den Lein in die Erde würgen.

An Ezechiel
geht der Lein nicht fehl.

Nach Neujahr der hundertste Tag
zum Leinsäen der Beste sein mag.

Das gibt dem Bauer große Hemden,
wird er heut' den Lein unter die Erde wenden.

Ezechiel, mach schnell, mach's fein,
tu deinen Lein' ins Geld hinein.

14. April: hl. Justinus

Justinus († um 165) stammte aus Neapolis in Palästina (dem heutigen Nablus), war ein Philosoph und zählt zu den Kirchenvätern. Er war zuerst in Kleinasien und schließlich in Rom, wo er unter Kaiser Marc Aurel hingerichtet wurde. Er ist der Patron der Philosophen. Seit der Kalenderreform 1969/70 ist der 1. Juni sein Gedenktag.

Justin klar,
gutes Jahr.

14. April: hl. Tiburtius

Tiburtius († zwischen 180 und 230) war ein Märtyrer, über den es keine gesicherten Nahrichten gibt.

Tiburtius der Kinder Freud,
weil erstmals heut der Kuckuck schreit.

Tiburtius kommt mit Sang und Schall,
bringt Kuckuck mit und Nachtigall.

Auf Tiburtius
das Feld ergrünen muss.

Nach dem Tiburtiustag,
alles grünen mag.

Grüne Felder am Tiburtiustag,
die ziehen viel Getreide nach.

Wenn der Tiburtius schellt,
grünt der Garten und das Feld.

Tiburtius kommt uns sehr gelegen,
mit seinem grünen Blättersegen.

Tiburtius ist des Bauern Freund,
doch nur, wenn auch der Kuckuck schreit.

15. April: Kuckuckstag

Der Tag ist so benannt, weil ziemlich genau an diesem der Kuckuck aus Afrika kommend in Mitteileuropa eintrifft.

Der 15. April,
der Kuckuckstag heißen will.

Am 15. April der Kuckuck rufen soll,
und müsste er rufen aus einem Baum, der hohl.

23. April: hl. Georg

Georg der Märtyrer (3. Jh.–um † 303) war ein Soldat des römischen Heeres zur Zeit Kaiser Diokletians und wurde um 303 in Kappadozien (Kleinasien) oder Lydda (heute Lod in Israel) enthauptet. Zahlreiche Legenden verdunkeln seine tatsächliche Lebensgeschichte. Die wohl bekannteste handelt von seinem Kampf mit einem Drachen. Sein Kult und seine Verehrung sind seit dem 3. Jahrhundert bezeugt. Georg zählt zu den Vierzehn Nothelfern und ist Patron der Soldaten, Bauern, Reiter, Bergleute, Sattler, Schmiede, Waffenschmiede und Büchsenmacher, Böttcher, Pfadfinder, Artisten, Wanderer, Gefangenen; der Spitäler und Siechenhäuser, der Pferde und des Viehs, gegen Kriegsgefahren, Schlangenbiss-Vergiftungen, Versuchungen, Fieber, Pest, Lepra, Syphilis sowie für gutes Wetter.

Auf Sankt Georgens Güte
steh'n die Bäume in der Blüte.

Wenn Georg nicht will,
steht der Pflug wieder still.

Wenn vor Georgi Regen
fehlt,
wird man hernach damit
gequält.

Ist Georgi warm und
schön,
wird man noch raues Wetter
sehn.

Zu Georgi blinde Reben
volle Trauben später geben.

Kann Georg im Korn Raben
verstecken,
wird Mehl sich häufen zu prallen
Säcken.

Sind an Georg die Trauben noch
blind,
so freuen sich Mann, Weib und
Kind.

Sankt Georg und Sankt Marx[7]
[25. 4.]
drohen viel Arg's.

Was bis Georgi die Reben
treiben,
wird ihnen nicht bis Gallus
[16. 10.] bleiben.

Kommt St. Georg geritten auf
einem Schimmel,[8]
so kommt auch ein gutes
Frühjahr vom Himmel.

---

7 Markus.
8 Schnee.

Hohes Korn zu Sankt Jürgen,
wird viel Gutes dir verbürgen.

Georg und Markus [25. 4.] ganz
ohne Trost,
erschrecken uns sehr oft mit
Frost.

So lange vor Georg die Frösche
schreien schrill,
so lange schweigen sie hernach
still.

Gibt's Gewitter am Georgitag,
so folgt gewiss noch Kälte nach.

Sankt Georg kommt nach alten
Sitten
zumeist auf einem Schimmel
geritten.

Zu St. Georg ein Blütenmeer,
zu Matthäe [21. 9.] die Körbe leer.

Wenn Ostern auf Georgi fällt,
erwartet großes Weh die Welt.

Zu Georgi die Küh'
hinaus –
zu Michaeli [29. 9.] wieder
nach Haus.

Hohes Korn zu Sankt Jürgen
wird Gutes verbürgen.

Auf Sankt Jürgen
soll man die Kuh von der
Weide schürgen.

Die Wiese geht ins Heu,
ist Sankt Georgentag vorbei.

Des St. Georg's Pferd,
das tritt den Hafer in die Erd'.

Der Georgstag,
der ist der Pferde Ehrentag.

St. Andreas [30. 11.] macht das
Eis,
St. Georg bricht das
Eis.

Ab Georgi dürfen die Felder
nicht mehr betreten werden.

Regnet's am Georgitag,
währt noch lang des Segens Plag.

Vor Georgi trocken,
nach Georgi nass.

Ist's an Georgi warm und
schön,
wird man noch raue Wetter
seh'n.

Am Georgstag soll sich das neue
Korn schon so recken,
dass sich die Krähe drin kann
verstecken.

Es deutet eine gute Ernte an,
wenn sich zu Georg schon die
Krähe im Korn verstecken kann.

Georgus und Marks [25. 4.],
die bringen oftmals was Arg's;
Philippi und Jakobi [1. 5,],
sind dann noch zwei Grobi;
Pankraz, Servaz, Bonifazi [12., 13., 14. 5.],
das sind erst drei Lumpazi.
Oft der Urban gar [25. 5.],
ist streng fürwahr,
und Peter und Paul [29. 6],
die sind meist nur faul.

24. April: hl. Fidelis

Fidelis von Sigmaringen (1578–1622) war der erste Märtyrer des Kapuzinerordens. Als hervorragender Prediger und Seelsorger bereiste er in der Zeit des Dreißigjährigen Kriegs das Elsass, die Schweiz und Vorarlberg, um die Menschen zum katholischen Glauben zurückzuführen. Dabei wurde er von calvinistischen Bauern erschlagen. Er ist Patron der Juristen; gegen Kopfschmerzen; in Gerichtsangelegenheiten sowie für die Ausbreitung des Glaubens.

Wenn es friert an Sankt Fidel,
bleibt's 15 Tag' noch kalt und hell.

25. April: hl. Evangelist Markus

Markus (1. Jh.–um 67) war sowohl Begleiter des Apostels Paulus auf seiner ersten Missionsreise als auch später des Apostels Petrus in Rom. Umstritten ist, ob er aus dem Judentum oder aus dem Heidentum zum christlichen Glauben gekommen ist. Er gilt als der Verfasser des ältesten Evangeliums, wobei er sich auf manche Aussagen von Petrus stützte. Nach dessen Tod verließ er Rom, um in Alexandrien (Ägypten) zu missionieren, und gilt dort als erster Bischof. Am Fest des hl. Markus werden auch Bittprozessionen abgehalten. Er gilt als Patron der Bauarbeiter, Maurer, Glaser, Glasmaler, Laternenmacher, Korbmacher, Mattenflechter, Notare und Schreiber; gegen Unwetter, Blitz, Hagel, Krätze, Qualen und unbußfertigen oder jähen Tod sowie für gutes Wetter und gute Ernte.

April

Vor dem Markustag,
sich der Bauer hüten mag.

Ist Markus kalt,
so ist auch die Bittwoch' kalt.

Solange es warm ist vor Sankt
Mark,
solange danach ist die Kälte
stark.

Ist's jetzt um den Markus
warm,
friert man danach bis in den
Darm.

Was St. Markus an Wetter
hält,
so ist's auch in der Ernt'
bestellt.

Leg erst nach Markus
Bohnen,
er wird dir's reichlich
lohnen.

Gibt's an Markus
Sonnenschein,
hat der Winzer guten
Wein.

Am Markustag versteckt ihre
Socken
die Krähe im Roggen.

Sankt Markus
Kornähren bringen muss.

Solange die Frösche quaken vor
Markustag,
so lange müssen sie schweigen
hernach.

Quakt der Frosch an Markus
viel,
schweigt er dafür nachher
still.

Wenn sich die Krähe auf
Markustag
im Roggenacker verstecken
mag,
wird die Scheuer zu klein
für das Bäuerlein.

Ist auf Markus die Buche grün,
gibt's ein gutes Jahr.

Bauen um Markus schon die
Schwalben,
so gibt's viel Futter, Korn und
Kalben.

Wer erst zu Markus legt die Bohnen,
dem wird er's reichlich lohnen;
doch Gerste, die sei längst gesät,
denn nach dem Markus ist's zu spät.

25. April: hl. Erwin

Erwin (Ermin) (7. Jh.–737) war Benediktinermönch und in Lobbes (Hennegan, Belgien) ab 711/122 Abtbischof.

> Bau'n um Erwin schon die Schwalben,
> gibt's viel Futter, Korn und Kalben.

> Ist's vor Erwin warm,
> friert man nachher bis in den Darm.

27. April: hl. Petrus Canisius

Petrus Canisius (1521–1597) stammte aus Nijmwegen und war einer der führenden Köpfe der Katholischen Reform in Deutschland. In vielen Teilen Deutschlands gründete er Ordensniederlassungen der Jesuiten. In Wien war er 1554–1556 Administrator des Bistums und verfasste drei Katechismen. Sein eigentlicher Gedenktag ist der 21. Dezember, im deutschen Sprachraum jedoch der 27. April.

> Hat St. Peter das Wetter schön,
> kannst du Kohl und Erbsen sä'n.

28. April: hl. Vitalis

Vitalis von Ravenna († 60) war nach der Legende ein römischer Ritter und wurde in der Christenverfolgung unter Kaiser Nero hingerichtet.

> Gefriert's auf Sankt Vital,
> gefriert's noch fünfzehnmal.

29. April: hl. Petrus der Märtyrer

Petrus der Märtyrer (1205–1252) war Dominikaner. Er wurde 1251 zum Inquisitor von Mailand und Como ernannt und zog sich durch seine fanatische Strenge gegen sich und andere den Hass der Häretiker zu. Auf dem Weg von Como nach Mailand wurde er überfallen und erdolcht. Seit der Kalenderreform von 1969/70 ist sein Gedenktag der 6. April. Er ist der Patron der Wöchnerinnen, der Bierbrauer in Köln; für das Gedeihen der Feldfrüchte sowie gegen Kopfleiden, Gewitter, Blitz und Sturm.

> Auf des heiligen Peters Fest
> sucht der Storch sein Nest.

30. April: hl. Katharina von Siena

Katharina (1347–1380) trat mit 16 Jahren den Dominikaner-Terziarinnen von Siena bei. Nach Visionen begann sie, öffentlich zu religiösen, politischen und gesellschaftlichen Fragen Stellung zu beziehen. Sie sparte auch nicht mit Kritik an Kirche und Papst. Seit der Kalenderreform von 1969/70 ist der 29. April ihr Gedenktag. Sie ist Patronin der Krankenschwestern, Wäscherinnen und Pfarrsekretärinnen; der Sterbenden, der Laien im Dominikanerorden, für Vorsorge gegen Feuer sowie gegen Kopfschmerzen und Pest.

> Kommt Katharina im Sonnenschein,
> kündet an sie guten Wein.

*Ein kühler Mai wird hoch geacht',
hat stets ein fruchtbar' Jahr gebracht.*

Mai

Wonnemonat, Wonnemonat, Blumenmond

Mai, der fünfte Monat des Jahres mit 31 Tagen war im altrömischen Kalender der dritte Monat und wurde nach dem altitalischen bzw. römischen Gott des Frühlings und des Wachstums Iupiter Maius benannt. Weil sich in diesem Monat die Pflanzen üppig entfalten, die Wälder grün und vogelbelebt werden, viele Feldblumen blühen und die Temperatur milder wird, ersetzte Kaiser Karl I. der Große diesen Namen durch Winnemanoth (Wonnemonat).

Im bäuerlichen Arbeitsjahr war man im Mai mit dem Kartoffelanbau fertig. Jetzt kamen die Bohnen in den Boden, Runkelrüben und Krautpflanzen wurden gesetzt. Die Frauen entfernten das Unkraut von den Äckern, ab der Mitte des Monats bevorzugt von den Kartoffelfeldern. Nach den Eisheiligen, den letzten kalten Tagen, erhöhte sich auch die Arbeitszeit im Bauerngarten: Tomaten, Paprika, Gurken, Kürbis, Sellerie und Kohl mussten gepflanzt, die ersten Salate sowie Rettich, Kohlraben und Rhabarber können geerntet werden. Die Männer beschäftigten sich weiterhin mit der Reparatur der Zäune und setzten die Feld- und Bergwege für die Sommermonate instand.

Wenn der 1. Mai schellt,
grünt das Feld.

Fällt Reif am 1. Mai,
bringt er im Feld viel Segen herbei.

Donnert's ins Maienlaub hinein,
wird das Brot bald billiger sein.

Mai ohne Regen,
fehlt's allerwegen.

Mairegen auf die Saaten,
dann regnet es Dukaten.

Viel Gewitter im Mai,
singt der Bauer: Juhei!

Zu nasser Mai – viel Geschrei
und wenig Heu.

Der Mayen kühl, Brachmonat nass,
füllet Scheuren und Fass.

Blüht im Mai der Maulbeerbaum,
gibt's Kälte und Frost noch kaum.

Wie der Maien war,
so wird das Wetter im ganzen Jahr.

Maimond kalt und windig,
macht die Scheuer voll und pfündig.

Kühler Mai – ist eine alte Regel –
beschert viel Arbeit für Kelter und Flegel.

Ist's im Mai recht kalt und nass,
haben die Maikäfer wenig Spaß.

Regen zu Anfang Maien
tut den Reben dräuen.

Der Maikäfer Menge
bringt den Schnitter in die Enge.

Willst du wissen des Weines Frommen,
so lass den Maien zu Ende kommen.

Auf trockenen Mai
kommt nasser Juni herbei.

Ist der Mai zu trocken gar,
folget ihm ein dürres Jahr.

Abendtau und kühl im Mai,
bringt viel Wein, Stroh und Heu.

Maifröste schädlich sind,
gut hingegen sind die Wind'.

Schöne Eichenblüt' im Mai,
bringt ein gutes Jahr herbei.

Maienfröste –
unnütze Gäste.

Erst Mitte Mai
ist der Winter vorbei.

Stehend' Wasser im Mai,
bringt die Wiese ums Heu.

Will der Mai ein Gärtner sein,
so trägt er nicht in Scheunen ein.

Gibt's im Mai viel Tau,
so wird das Wachstum flau.

Regen im Mai
bringt Wohlstand und Heu.

Ist der Monat Mai trocken,
wird das Wachstum im Juni stocken.

Mai

Den Maien voller Wind,
begehrt das Bauerngsind.

Im Mai ein warmer Regen,
bedeutet Frühlingssegen.

Ist's im Mai auch noch so kühl,
wird's dem Bauer doch oft schwül.

Der Meije chunnt troche, der Meije
chunnt nass,
er bringt üs allne viel Laub und
viel Gras.

Der Mai zum Wonnemonat erkoren,
hat den Reif noch hinter den Ohren.

Maikäferjahr
bringt Gutes dar.

Maitau macht grüne Au,
Mairegen bringt Segen.

Fällt vom Himmel Maientau,
schmückt sich Flur und Au.

Wenn der Mai den Mai bringt,
dann ist es besser, als wenn er ihn find't.

Ist das Wetter im Mai zu schön,
wird's mit dem Gras nicht besonders
gut steh'n.

Schwärmt die Biene schon im Mai,
gibt bestimmt es sehr viel Heu.

Der Mai in der Mitte,
hat für den Winter stet's noch eine Hütte.

Steht im Mai das Korn dünn und rar,
so steht es teuer, sehr sogar.

Der Mai kommt gezogen,
wie der November verflogen.

Der Mai mag kommen spät oder früh –
kommt die Kuh hinaus, so zittert sie.

Maienfrost
Blüten und Früchten das Leben kost't.

Im Mai geschoren
ist neu geboren.

Wenn im Mai die Bienen schwärmen,
kann der Bauer vor Freuden lärmen.

Trockener Mai,
bringt dürres Gras herbei.

Den Mai muss man immer achten,
auch wenn er kommt um Weihnachten.

Die erste Liebe und der Mai,
gehen selten ohne Frost vorbei.

Im Mai setz' Bohnen,
es wird sich lohnen.

Frost im Mai schadet Wein,
Hopfen, Bäumen, Korn und Lein.

Trockener Mai – Wehgeschrei!
Feuchter Mai bringt Glück herbei.

Donner und Fröste im Wonnemond,
Müh' und Arbeit wenig lohnt.

Nordwind im Mai
bringt Trockenheit herbei.

Weht im Mai der Wind aus Süden,
ist uns Regen bald beschieden.

Wenn's im Mai viel regnet,
ist das Jahr gesegnet.

Regnet's im Mai in die Hopfenstecken,
wird das nächste Bier nicht schmecken.

Donnert es im Mai recht viel,
hat der Bauer ein gutes Spiel.

Mailuft
bringt die Toten aus der Gruft.

Ein Bienenschwarm im Mai,
ist wert ein Fuder Heu.

Der Mai bringt Blumen dem Gesichte,
aber dem Magen keine Früchte.

Ein heißer Mai
ist des Todes Kanzlei.

Sind die Maikäfer angesagt,
wird ein Schoppen mehr gewagt.

Je mehr die Maikäfer verzehren,
je mehr wird's die Ernte beschweren.

Im Mai zartes und duftiges Gras
gibt gute Milch ohn' Unterlass.

Wer Hafer sät im Mai,
der hat viel Spreu.

Blumenkohl im Mai,
gibt Köpfe wie ein Ei.

Wenn im Mai die Wachteln schlagen,
künden sie von Regentagen.

Donner im Mai
führt guten Wind herbei.

Sonnenfinsternis im Mai
führt trockenen Sommer herbei.

Maienstaub und Augustkot
machen teuer uns das Brot.

Im Mai Donnerschläge
bringen Dürre zuwege.

Wenn's im Mai noch wittert,
für die Ernte zittert.

Vom Tau, der im Maimond fällt,
der Bauer vielen Segen erhält.

Maiwonnen –
leere Weintonnen.

Jede Blume muss den Bienen
zu ihrem Honig dienen.

Wer gute Ernten haben will,
der dünge, jäte, grabe viel.

Fliegt abends lang die Fledermaus,
sagt gutes Wetter sie voraus.

Wenn im Mai die Frösche knarren,
kannst du getrost auf Regen harren.

Je wärmer der Mai,
desto nasser und kälter der Juni.

Übermäßig warmer Mai,
will dass der Juni voll Nässe sei.

Steht der Wind im Mai im Süden,
wird bald Regen uns beschieden.

Wenn's Wetter gut ist Anfang Mai,
gibt es viel und gutes Heu.

Mai

Treibt im Mai die Eiche vor der Esche,
hält der Sommer große Wäsche.

Treibt im Mai die Esche vor der Eiche,
hält der Sommer große Bleiche.

Wer Hafer sät im Mai,
der hat viel Spreu.

Wer im Mai verehrt
was der September erst gewährt,
dem ist ein schlimmer Winter beschert.

Es kann kommen der Mai,
der sagt: „Bauer, hast du auch Heu?"
„Ja, hätt ich Stroh,
so wär ich froh!"

Ist der Mai recht heiß und trocken,
kriegt der Bauer kleine Brocken.
Ist er aber feucht und kühl,
gibt es Frücht' und Futter viel.

Ein Jahr unfruchtbar sei,
wenn es viel donnert im Mai;
blühen aber die Eichen Ende Mai,
es ein gutes Schmalzjahr sei.

Blüht im Mai der Schlehendorn,
reift noch vor Jakob [25. 7.] das Korn;
blüht er aber spät im Mai,
steht es schlecht um Korn und Heu.

Das Jahr fruchtbar sei,
wenn's viel donnert im Mai.

Wenn im Mai die Wachteln schlagen,
läuten sie von Regentagen.

Gewitter im Mai
bringen Früchte herbei.

Mairegen –
bringt Segen.

Ein nasser Mai
schafft Milch herbei.

Ein kühler Mai wird hochgeacht',
hat stets ein gutes Jahr gebracht.

Lostage im Mai

Die Drei Bitttage

Nach zahlreichen Feuern und Erdbeben und großen Zerstörungen in seiner Heimstadt Vienne führte der dortige Bischof, der hl. Mamertus (siehe S. 117), 470 die Drei Bitttage bzw. Bittgänge vor dem Christi Himmelfahrtstag ein, das sind Prozessionen zur Abwendung von Gefahren. Die hierfür erstellten Litaneien und Bittgebete verbreiteten sich in ganz Gallien und Spanien sowie dann auch im deutschsprachigen Raum.

Fällt an den Bitttagen reichlich Regen,
liegt auf der Ernte auch ein Segen.

Wenn es an den Bitttagen regnet,
wird die Ernte reich gesegnet.

Christi Himmelfahrt

Lukas berichtet eingangs der Apostelgeschichte (1,9) von den letzten Gesprächen Jesu mit seinen Jüngern und von seiner Himmelfahrt. Dieser Feiertag hatte vor allem in der Barockzeit ein anschauliches und überschwängliches Brauchtum entwickelt. Später hat sich für einige Zeit der Brauch entwickelt, bei der Lesung dieses Tages die Osterkerze – Symbol des Auferstandenen – auszublasen.

Wie das Wetter am
Himmelfahrtstag,
so auch der ganze Herbst
sein mag.

An Christi Himmelfahrt
Regen,
ist für's Heu ungelegen.

Regen am Himmelfahrtstag,
die Heuernte nicht gelingen mag.

Regen am Himmelfahrtstag –
vierzig Tage seiner Art.

Mit Himmelfahrtsregen
gibt Gott zum zweiten Male Segen.

Ein Bauer von der alten Art
zieht aus den Pelz zu
Himmelfahrt;
und um Johann zieht er ihn
wieder an.

Pfingsten

Am Pfingstsonntag wird der Aussendung des Heiligen Geistes gedacht. Die Apostelgeschichte berichtet (2,1–11), dass dies am jüdischen „Wochenfest" geschah. Dieses wird am 50. Tag (griech. Pentekoste – Pfingsten) nach dem Pesachfest gefeiert.

> Regnet es am Pfingstmontag,
> so regnet's drauf sieben Sonntag.

> Zu Pfingsten
> gilt s'Korn am mindsten.

> Nasse Pfingsten, fette Weihnachten;
> helle Pfingsten, dürre Weihnachten.

> Pfingstregen –
> Weinsegen.

> Regen am Pfingsttag
> bringt sicher Plag.

> Wenn wir Regen an Pfingsten bekommen,
> wird uns die ganze Ernt' genommen.

> Nasse Pfingsten,
> fette Weihnacht.

Dreifaltigkeitssonntag

Der Ursprung des Dreifaltigkeitssonntags (Trinitatis) liegt im Mittelalter im gallischen Raum. Erst 1334 wurde er allgemein eingeführt. Das ist der Sonntag nach Pfingsten. Die katholische Kirche zählt die folgenden Sonntage „nach Pfingsten", während die evangelische Kirche noch sie „nach Trinitatis" benennt.

> Dreifaltigkeitsregen –
> Feldersegen.

30. April / 1. Mai: Walpurgisnacht

Im Mittelalter war der Gedenktag der hl. Walburga größtenteils am 1. Mai, in England ist es heute noch so. An diesem Tag wurde der Erhebung bzw. Übertragung ihrer Gebeine gedacht. Nunmehr ist der Gedenktag am 25. Februar (siehe S. 61). Nach traditioneller Vorstellung halten in dieser Nacht die Hexen ein Fest auf dem „Blocksberg" ab (der Brocken im Harz). Zahlreiche Bräuche haben sich für diese Nacht entwickelt, am bekanntesten das Maifeuer in der Nacht.

Regen in der Walpurgisnacht,
hat stets ein gutes Jahr
gebracht.

In Walpurgisnacht Regen
oder Tau,
auf ein gut Jahr bau!

Tau am Morgen der
Walpurgisnacht
hat stets ein gutes Butterjahr
bracht.

Walpurgisfrost
ist schlechte Kost.

Sturm und Wind in der
Walpurgisnacht,
hat Scheune und Keller voll
gemacht.

In der Walpurgisnacht Regen,
bringt uns reichen Erntesegen.

Walpurgisfrost –
ist schlechte Kost.

Auf ihren Besen mit bösem
Sinn
reiten die Hexen zum Blocksberg
hin.

Ist die Hexennacht voll Regen,
wird's ein Jahr mit reichlich Segen.

1. Mai: hll. Apostel Philippus und Jakobus

Nach dem Johannesevangelium (1,43–45) ist **Philippus** einer der ersten Jünger, stammte aus Betsaida am See Genezareth und gehörte vorher zu den Jüngern von Johannes dem Täufer. Später hat er der Legende nach in Phrygien (Kleinasien) gewirkt.

Jakobus der Jüngere ist nur aus den Evangelien bekannt. Er ist nicht zu verwechseln mit Jakobus dem Älteren, dem Bruder des Apostel Johannes, und auch nicht mit dem „Herrenbruder" oder dem Verfasser des Jakobusbriefes. 1955 wurde von Papst Pius XII. an diesem Tag das Fest Josef der Arbeiter eingeführt und das Fest dieser beiden Apostel auf den 3. Mai verlegt. Beide sind Patrone der der Walker, Gerber, Hutmacher, Krämer, Pastetenbäcker und Konditoren.

Fällt Philippi und Jakobi Regen,
folget sicher Erntesegen.

An Sankt Phillips Tag
die Linsen zum Felde trag.

Philippi und Jakobi –
viel friss' i, wenig hab' i.

Jakobi klar und rein,
wird Weihnacht frostig sein.

Am ersten Mai der Reif liegt offen –
ist ein gutes Jahr zu hoffen.

Wenn's regnet am ersten Mai,
regnet's auch weiter glei.

Regen am ersten Mai –
viel Korn und Heu.

Den ersten Mai
führt man den Ochsen ins Heu.

Jakobi hell und warm –
macht dich der Winter arm.

Reif am Philippitag
gute Ernte bringen mag.

Phillip und Jakob nass
machen dem Bauern Spaß.

Erster Mai – Reif oder Nass –
macht den Bauern immer Spaß.

St. Jakob nimmt hinweg
die Not,
bringt erste Frucht und frisches Brot.

An Jakobi heiß und trocken,
kann der Bauersmann frohlocken.

Georgus [23. 4.] und Marks [25. 4.],
die bringen oftmals was Arg's;
Philippi und Jakobi,
sind dann noch zwei Grobi;
Pankraz, Servaz, Bonifazi [12., 13., 14. 5.],
das sind erst drei Lumpazi.
Oft der Urban gar [25. 5.],
ist streng fürwahr,
und Peter und Paul [29. 6],
die sind meist nur faul.

So viele Fröste vor Wenzeslaus
[28. 9.] fallen,
so viele nach Philippi folgen.

Wenn die Sonne gut ist am
1. Mai,
gibt es viel Korn und ein gutes
Heu.

Regnet's am ersten Maientag,
viele Früchte man erwarten mag.

Wenn's Wetter gut am 1. Mai,
gibt es viel und gutes Heu.

Wenn der 1. Mai schellt,
grünt das ganze Feld.

Fällt Reif am 1. Mai,
bringt er im Feld viel Segen
herbei.

Kommt der 1. Mai mit Schall,
bringt er Kuckuck und
Nachtigall.

Zu Philipp und Jakobi Regen
bedeutet viel Erntesegen.

Am Sankt Philips Tag
die Linsen zum Felde trag.

3. Mai: Kreuzauffindung

An diesem Tag wird das Andenken an die Auffindung des hl. Kreuzes durch Kaiserin Helena im Jahr 320 begangen. Darüber berichtete erstmals der hl. Ambrosius. Ansonsten sind Überlieferungen über diese Auffindung stark legendenhaft.

Das Wetter am Kreuzauffindungstag,
bis Himmelfahrt noch bleiben mag.

Heilig Kreuztag nass,
nirgends wächst Gras.

Wenn es am Kreuztag heftig regnet,
werden alle Nüsse leer und sind nicht gesegnet.

4. Mai: hl. Florian

Florian (3. Jh.–304) wurde möglicherweise bei Tulln in Niederösterreich geboren und starb 304 den Märtyrertod. Vermutlich war er hoher römischer Staatsbeamter im Gebiet des heutigen Österreich (Provinz Noricum). Er weigerte sich standhaft, den römischen Göttern zu opfern, und wurde daraufhin mit einem Stein um den Hals in der Donau ertränkt. Er gehört zu den volkstümlichsten Heiligen von Österreich und Süddeutschland. Er ist Patron der Feuerwehr (Floriansjünger); der Töpfer, Böttcher, Hafner, Schmiede, Kaminfeger, Seifensieder, Weinbauern und Bierbrauer; bei Dürre, Unfruchtbarkeit der Felder, Brandwunden sowie gegen Feuer- und Wassergefahr und Sturm.

> Der Florian, der Florian,
> noch einen Schneehut setzen kann.

> Florian und Gordian [10. 5.]
> richten oft noch Schaden an.

> Oh heiliger Sankt Florian,
> verschon unser Haus, zünd' andere an!

> War's an Ambrosius [4. 4.] schön und rein,
> wird's an Florian umso wilder sein.

7. Mai: hl. Stanislaus

Stanislaus (um 1030–1079) ist einer der am meisten verehrten Heiligen Polens und dessen Patron. Er stammte aus Krakau und wurde dort mit 42 Jahren Bischof. Er prangerte den unsittlichen Lebenswandel des polnischen Königs Boleslaw II. an, woraufhin Stanislaus erschlagen wurde. Bei der Kalenderreform von 1969/70 wurde der 11. April sein Gedenktag, in Polen ist er am 8. Mai.

> Wenn sich naht St. Stanislaus,
> rollen die Kartoffeln raus.

> Weinet Stanislaus Tränen,
> soll uns das nicht grämen.

> Wenn Tränen weint der Stanislaus,
> das tut uns gar nicht leid,
> es werden blanke Heller draus,
> in ganz kurzer Zeit.

> Wenn sich naht St. Stanislaus,
> schlagen alle Bäume aus.

8. Mai: hl. Achatius

Achatius (Achaz) († 303/304) war Hauptmann im römischen Heer und wurde nach Folterungen unter Kaiser Maximianus in Byzanz (Istanbul) enthauptet. Er zählt zu den Vierzehn Nothelfern und ist Patron der Soldaten; gegen Kopfweh, in Todesängsten und ausweglosen Lagen sowie für Stärkung in Zweifeln.

> An Achaz warmer Regen,
> bedeutet Früchtesegen.

10. Mai: hll. Gordian und Epimachus

Über **Gordian**(us) (4. Jh.–362?) und **Epimachus** (3. Jh.–251?) gibt es keine historisch sicheren Überlieferungen. Beide sollen das Opfer der Christenverfolgung gewesen und in Rom begraben worden sein. Der Gedenktag von Epimachus wurde bei der Kalenderreform 1969/70 auf den 12. Dezember verlegt.

> Dem kleinen Gordian –
> man nicht trauen kann.

> Bohnen lege dir erst an,
> ist vorbei Sankt Gordian.

> Der Gordian, der Gordian
> richtet oft noch Schaden an.

> Um Epimach und Gordian
> fängt manchmal wieder der
> Winter an.

11. Mai: hl. Mamertus

Mamertus (um 400–477) war Bischof von Vienne (Frankreich). Gelegentlich wird er auch zu den Eisheiligen gezählt.

> Der heilige Mamerz
> hat von Eis ein Herz.

> Mamertus, Pankratius, Servatius
> steh'n für Kälte und Verdruss.

Mamertus und Pankratius
und hinterher Servatius
sind gar gestrenge Herrn.

Der heilige Mamerz,
der hat von Eis ein Herz;
Pankratius hält den Nacken steif,
sein Harnisch klirrt von Frost und Reif;
Servatius' Hund der Ostwind ist –
hat schon manch' Blümlein totgeküsst;
und zum Schluss, da fehlet nie,
die eisigkalte Sophie.

12. bis 15. Mai: Die Eisheiligen Pankratius, Servatius, Bonifatius und Sophie

Zu den Eisheiligen, auch Eismänner oder gestrenge Herren genannt, gehört zum Abschluss noch die „kalte Sophie" dazu. Die Namenstage von Heiligen im Mai sind in Mitteleuropa meteorologische Singularitäten (Witterungsregelfälle). Laut Volksglauben wird das milde Frühlingswetter somit erst nach Mitte Mai stabil. Mit den Eisheiligen ist die letzte mögliche Kälteperiode mit Nachtfrostgefahr um Mitte Mai gemeint. „Die Eisheiligen abwarten" sagen erfahrene Gärtner, das heißt, mit dem Auspflanzen von Sommerblumen und der Aussaat von empfindlichen Sämereien bis Mitte Mai abzuwarten. Früher entzündete man zu dieser Zeit in den Obstwiesen und Weingärten Feuer, um die Blüten und Triebe durch die Wärme und den Rauchnebel, der sich über sie legte, vor Frost zu schützen. Die Annahme beruht wie alle Bauernregeln auf jahrhundertealten Erfahrungen und Beobachtungen, die bereits vor den Wetteraufzeichnungen gemacht wurden, sich aber heute meteorologisch nicht immer bestätigen lassen.

Pankratius (um 289–304) war ein römischer Märtyrer der frühen christlichen Kirche, über den es keine gesicherten Nachrichten gibt. Sein Kult ist seit dem 5. Jh. sicher bezeugt. Er ist Patron der Erstkommunikanten und der Kinder allgemein, der Ritter, der jungen Saat und Blüte; für neue Vorhaben und gute Zukunft sowie gegen Meineid, falsches Zeugnis, Krämpfe, Hautkrankheiten und Kopfschmerzen.

Servatius (4. Jh.–384) dürfte wahrscheinlich aus Armenien stammen und war Bischof von Tongern (zwischen Lüttich und Maastricht). Er ist Patron der Schlosser und Tischler; gegen Fußleiden, Rheumatismus, Fieber, Todesfurcht, Frostschäden, Mäuse- und Rattenplagen sowie das Lahmen von Tieren

Bonifatius (3. Jh.–um 306) sollte in Tarsus Reliquien ausfindig machen. Dort wurde er Christ und erlitt das Martyrium.

Sophia (3. Jh.–305) stammte aus Rom und erlitt unter Kaiser Diokletian das Martyrium, mehr ist über sie nicht bekannt. Vor allem im süddeutsch/österreichischen Raum rundet sie als „kalte Sophie" die drei Eisheiligen ab. Sie ist Patronin gegen Spätfröste und für das Wachsen der Feldfrüchte.

Geh'n die Eisheiligen ohne Frost
vorbei,
singen die Bauern und Winzer
Juchhei.

Was die drei Wetterheiligen
nicht verderben,
wird nicht mehr an großer Kälte
sterben.

Die drei -atius sind strenge
Herrn,
sie ärgern den Gärtner und
Winzer gern.

Die drei -azius ohne Regen,
sind für den Winzer großer
Segen.

Seht die drei Eismänner an,
möchte der Winzer nicht im
Kalender han.

Pankraz, Servaz, Bonifaz und
die kalte Sophie,
vorher lach' nie.

Pankrazi, Servazi, Bonifazi
sind drei frostige Bazi,
und zum Schluss fehlt nie
die kalte Sophie.

Pankraz, Servaz, Bonifaz,
machen erst dem Sommer
Platz!

Pankraz, Servaz, Bonifaz,
sind meist kalt und nass.

Pankratius, Servatius, Bonifatius –
Der Gärtner sie beachten muss;
geh'n sie vorüber ohne Regen,
dem Weine bringt es großen
Segen.

Ehe nicht Pankratius, Servatius
und Bonifatius vorbei,
ist nicht sicher vor Kälte
der Mai.

Pankraz hält den Nacken steif,
sein Harnisch klirrt von Frost
und Reif.

Mai

Wenn's an Pankratius gefriert,
so wird im Garten viel ruiniert.

Ist Pankraz schön,
wird guten Wein man sehn.

Pankratz
macht erst dem Sommer Platz.

Was Pankraz ließ unversehrt,
wird von Urban [25. 5.] oft zerstört.

Pankraz muss vorüber sein,
will man vor Nachtfrost sicher sein.

Pankraz und Urban ohne Regen
bringen großen Erntesegen.

Pankraz und Urbanitag ohne Regen
versprechen reichen Erntesegen.

Pankratius und Servatius
bringen Kälte und Verdruss.

Bevor Pankraz und Servaz vorbei,
ist nicht sicher vor Kälte der Mai.

Pankraz und Servaz sind böse Gäste,
sie bringen oft die Maienfröste.

Pankraz und Servaz sind zwei Brüder,
was der Frühling gebracht,
zerstören sie wieder.

Pankratius und Servatius sieht man ungern,
denn dies sind zwei gestrenge Herrn!

Mamertus [11. 5.], Pankratius, Servatius
steh'n für Kälte und Verdruss.

Vor Nachtfrost bist du sicher nicht,
bis dass herein Servatius bricht.

Nach Servaz kommt kein Frost mehr,
der dem Weinstock gefährlich wär'.

Kein Sommer vor Servazi,
kein Frost mehr nach diesem Bazi.

Wer sein Schaf schert vor Servaz,
dem ist Wolle lieber als sein Schaf.

Servaz muss vorüber sein,
will man vor Nachtfrost sicher sein.

Vor Servati kein Sommer,
nach Servati kein Frost.

War vor Servatius kein warmes Wetter,
wird es nun von Tag zu Tag netter.

Mai

Servatius' Mund der Ostwind ist,
hat schon manches Blümchen
totgeküsst.

Nach Servaz
findet der Frost keinen Platz.

Kein Reif nach Servaz,
kein Schnee nach Bonifaz.

Bonifazius
man keine Gerste säen muss.

Vor Bonifaz kein Sommer,
nach der Sophie kein Frost.

Wer seine Schafe schert vor
Bonifaz',
dem ist die Woll' lieber als das
Schaf.

Georgus [23. 4.] und Marks [25. 4.],
die bringen oftmals was Arg's;
Philippi und Jakobi (1. 5,],
sind dann noch zwei Grobi;
Pankraz, Servaz, Bonifazi,
das sind erst drei Lumpazi.
Oft der Urban gar [25. 5.],
ist streng fürwahr,
und Peter und Paul [29. 6],
die sind meist nur faul.

Sophie muss vorüber sein,
willst vor Nachtfrost sicher sein.

Sophie –
Flachs wächst bis an's Knie.

Sophie man die Kalte nennt,
weil sie gern kalt' Wetter bringt.

Pflanze nie
vor der Kalten Sophie.

Schütz früh gepflanzte
Sachen,
dann kann d'Sophie nichts
machen.

Manche Pflanze wird nicht alt,
denn die Sophie liebt es kalt.

Sophie bringt zum Schluss
oft noch einen Regenguss.

Beim Bauern wenig Sympathie
hat, wenn sie kalt ist, die Sophie.

Lein, gesät Sophientag,
stets vortrefflich wachsen mag,
sät man ihn am Vormittag;
doch gesät am Nachmittag,
nur ein Knötlein gibt Ertrag.

Kalte Sophie sät Lein,
zu gutem Gedeih'n

Kalte Sophie wird sie genannt,
denn oft kommt sie mit Kält'
dahergerannt!

Oft hat Sophie den Frost
gebracht,
und manche Pflanze tot
gemacht.

Gehen die Eisheiligen ohne
Frost vorbei,
schreien die Bauern und
Winzer Juchei.

16. Mai: hl. Johannes Nepomuk

Johannes Nepomuk (um 1345–1393) stammte aus Pomuk bei Pilsen in Böhmen. Er wurde 1389 Generalvikar des Prager Erzbischofs und geriet in die Streitigkeiten zwischen dem römisch-deutschen bzw. böhmischen König Wenzel und dem Erzbischof. Er wurde gefangen genommen, mit Pechfackeln gefoltert und in der Moldau ertränkt.

Er wurde vor allem in der Barockzeit zu einem der bekanntesten Heiligen im süddeutsch-österreichisch-böhmischen Raum, wo bis heute an zahlreichen Brücken seine charakteristische Statue zu sehen ist. Der eigentliche Gedenktag ist der 20. März, für den deutschen Sprachraum ist es aber der 16. Mai. Er ist der Patron der Beichtväter, Priester, Schiffer, Flößer, Müller; der Brücken; des Beichtgeheimnisses, gegen Wassergefahren; bei Zungenleiden sowie für Verschwiegenheit.

Lacht zu Nepomuk die Sonne,
gerät der Wein zur Wonne.

Heiliger Johann Nepomuk,
treib uns die Wassergüss zuruck!

Heiliger Johann Nepomuk,
bring uns die Wassergüss zuruck![9]

Der Nepomuk uns das Wasser macht,
dass uns ein gutes Frühjahr lacht.

24. Mai: Esther

Esther war eine Jüdin und die Ehefrau des Perserkönigs Xerxes I. Durch ihren mutigen Einsatz bei ihrem Mann rettete sie ihr Volk vor der Vernichtung. Sie ist die Hauptfigur des gleichnamigen Buches im des Alten Testaments, das die Festlegende für das jüdische Purimfest ist und wie ein Karneval gefeiert wird.

Lein, gesät an Esthern,
wächst am allerbesten.

---

9   Umkehrung bei Trockenheit.

25. Mai: hl. Urban

Über das Leben Urbans I. (2. Jh.–230), der 222 zum Bischof von Rom gewählt wurde, gibt es keine gesicherten historischen Erkenntnisse. Bekannt wurde er in der Folge vor allem als Patron der Winzer bzw. des Weinbaus, was wahrscheinlich darauf zurückzuführen ist, dass sein Gedenktag in die Zeit der Rebenblüte fällt. Vor allem in der Barockzeit wurde Urban häufig mit Weinreben dargestellt. Seit der Kalenderreform 1969/70 ist der 19. Mai sein Gedenktag. Er ist auch Patron gegen Trunkenheit, Gicht, Frost, Gewitter und Blitz.

Danket Sankt Urban, dem Herrn,
er bringt dem Getreide den Kern.

Das Wetter, das Urbanus hat,
auch in der Lese findet statt.

Wie's Wetter um Sankt Urben,
so ist es auch beim Heuen.

Wie's Wetter am Sankt Urbanstag,
so der Herbst wohl werden mag.

Wie sich das Wetter auf St. Urban verhält,
so ist's noch 20 Tag' bestellt.

Viel Sonne bringen muss St. Urben,
sonst die Trauben leicht verderben.

Flachs und Hanf, denk' stet's daran,
säen musst' an Sankt Urban.

Sankt Urban bringt keinen Frost mehr her,
der dem Weinstock schädlich wär.

Urban, oh du Grobian,
nimm doch bloß Verstand noch an.

Bringt Sankt Urban Regenschauer,
wird der Wein gar sauer.

Urban fangt's Kleemähen an.

Sankt Urban hell und rein,
gibt's viel Korn und Wein.

Sankt Urban hell und rein,
segnet die Fässer ein.

Wie sich's an St. Urban verhält,
so ist's noch zwanzig Tag bestellt.

Nach Sankt Urban fängt der Sommer an.

Mai

Die Witterung auf Sankt Urban
zeigt des Herbstes Wetter an.

Wie's Wetter an St. Urbanstag,
es im Herbst wohl werden mag.

St. Urban gibt der Kält' den Rest,
wenn Servaz noch was übrig lässt.

Wird's am Urbantag schön
Wetter geben,
sind die Weinstöck voller Reben.

Sankt Urban
die Hirse gut geraten kann.

Wenn Urban kein gut Wetter
geit,
wird er in die Pfütz geleit.

Urban, lass die Sonne scheinen,
damit wir nicht beim Weine
weinen!

Der Heilige Urban
ist oft ein kalter Mann.

Sankt Urbanus
ist oft noch ein Grobianus.

Wenn St. Urban lacht, so tun die
Trauben weinen;
weint jedoch St. Urban, gibt's der
Trauben nur die kleinen.

Scheint die Sonn' am Urbanitag,
wächst gut Wein nach alter Sag'
wenn es aber regnet,
ist gar nichts gesegnet.

Hat der Urbanstag schön
Sonnenschein,
verspricht er viel und guten
Wein.

St. Clemens [23. 11.] uns den
Winter bringt,
St. Petri Stuhl [21. 2.] den
Frühling winkt,
den Sommer bring uns
St. Urban,
der Herbst fängt um
Bartholomä [24. 8.] an.

Sankt Blas [3. 2.] und Urban
ohne Regen,
folgt ein guter Erntesegen

Georgus [23. 4.] und Marks [25. 4.],
die bringen oftmals was Arg's;
Philippi und Jakobi [1. 5,],
sind dann noch zwei Grobi;
Pankraz, Servaz, Bonifazi [12., 13., 14. 5.],
das sind erst drei Lumpazi.
Oft der Urban gar,
ist streng fürwahr,
und Peter und Paul [29. 6],
die sind meist nur faul.

Wenn der Urban kein gut'
Wetter hält,
das Weinfass in die
Pfütze fällt.

Wie der Urban sein
Wetter hat,
so findet's auch in der
Lese statt.

31. Mai: hl. Petronilla

Petronilla († 1. Jh.) war eine frühchristliche Märtyrerin. Nach einer Legende soll sie die Tochter des Apostels Petrus gewesen sein. Sie ist Patronin der Pilger und Reisenden sowie gegen Fieber.

Wer Hafer sät an Petronell,
dem wächst er gut und wächst er schnell.

An Petronilla Regen,
wird sich der Hafer legen.

Ist es klar an Petronell
messt den Flachs ihr mit der Ell.

Lein, gesät auf Petronell,
wachset lang, zerfallet schnell.

*Der Juni trocken mehr als nass,
füllt mit gutem Wein das Fass.*

Juni

Brachmonat, Brachet, Sommermond

Juni, der sechste Monat des Jahres mit 30 Tagen, war nach dem altrömischen Kalender der vierte Monat und erhielt seinen Namen nach der römischen Göttin Juno, der Gemahlin des obersten der römischen Götter, des Göttervaters Jupiter. Im Mittelalter wurde dieser Monat Brachmanoth genannt, weil bei der früheren Dreifelderwirtschaft in diesem Monat das Brachfeld bearbeitet wurde. Am 21. Juni ist der Sommeranfang, der längste Tag und die kürzeste Nacht des Jahres. Die Sonne steht am höchsten, daher auch die Benennung Sommermond.

Um Mitte Juni gibt es das Phänomen der sog. **„Schafskälte"**. Ihre Ursache ist, ähnlich wie bei den Eisheiligen Mitte Mai (S. 118), die unterschiedlich schnelle Erwärmung von Landmassen und Meerwasser. Während das Land im Juni bereits stark erwärmt ist, ist das Meer aufgrund der hohen Wärmekapazität und Konvektion des Wassers noch relativ kalt. Das über Europa entstehende Tiefdruckgebiet führt dann von West bis Nordwest Kaltluft polaren Ursprungs heran. Das bedeutet, dass mit der Schafskälte auch eine Drehung der vorherrschenden Windrichtung von Südwest auf Nordwest verbunden ist. Aufgrund ähnlicher Umstellungen der großräumigen Luftdruckverteilung über dem Indischen Subkontinent wird die Schafskälte auch als „europäischer Sommermonsun" bezeichnet.

Diese Wetterlage trat zumindest in der Vergangenheit mit relativ hoher Wahrscheinlichkeit ein. Auswertungen der Jahre 1881 bis 1947 kamen auf eine Eintrittswahrscheinlichkeit von 89 Prozent.

Der Name „Schafskälte" soll an die frisch geschorenen Schafe erinnern, denen die kühlen Temperaturen um Mitte Juni durchaus gefährlich werden können. Muttertiere und Lämmer wurden daher erst nach Mitte Juni geschoren. Im bäuerlichen Arbeitsjahr war es im Juni an der Zeit, in den Kartoffelfeldern zum zweiten Mal Unkraut zu jäten und den Boden aufzulockern. Ab Mitte Juni begann dann die Heuernte, bei der jeder Bewohner des Hofes gebraucht wurde. Im Bauerngarten wurde für die Winterernte Grün- und Blumenkohl, für die Sommerernte Salat, Spinat, Karotten, Gurken, Kürbis und Kohlraben gesät. Das Vieh wurde ab dem Sankt-Veitstag (15. Juni) auf die Bergweiden getrieben, wo die Tiere von einem Knecht oder einer Magd den Sommer über versorgt wurden.

Glüh'n Johanniswürmchen[10] sehr helle,
ist sicher ein schöner Juni zur Stelle.

Gibt's im Juni Donnerwetter,
wird auch das Getreide fetter.

Menschensinn und Juniwind,
ändern sich oft sehr geschwind.

Brachmonat nass,
leert Scheuer und Fass.

Juni feucht und warm,
kommt zugute reich und arm.

Im Juni, Bauer, bete,
dass der Hagel nicht alles zertrete.

Wie der Holder Blüten tut geben,
so blühen auch die Reben.

Sind im Juni die Reben am Stecken frei;
frag nun, wozu das Stroh gut sei.

Wenn die Nacht zu langen beginnt,
die Hitze am stärksten zunimmt.

Wenn im Juni Nordwind weht,
das Korn zur Ernte trefflich steht.

Bläst der Juni ins Donnerhorn,
bläst er ins Land das liebe Korn.

Auf den Juni kommt es an,
ob die Ernte soll bestahn.

Wenn im Juni Nordwind weht,
kommt Gewitter oft recht spät.

Stellt der Juni mild sich ein,
wird mild auch der Dezember sein.

---

10 Auch Glühwürmchen genannt.

Junidonner
künden einen trüben Sommer.

Wenn der Nordwind weht im Junius,
gar bald Gewitter folgen muss.

Wenn kalt und nass der Juni war,
verdirbt er meist das ganze Jahr.

Juniregen – reichster Segen.
Lacht die Sonne – Wein der Wonne.

Wie der Juni soll sein?
Warm mit Regen und Sonnenschein.

Im Juni ein Gewitterschauer
macht gar froh das Herz dem Bauer.

Sollen Feld und Garten wohl gedeih'n,
dann braucht der Juni Sonnenschein.

Reif in der Juninacht
dem Bauern Beschwerde macht.

Ist der Juni warm und nass,
gibt's viel Korn und noch mehr Gras.

Soll gedeihen Korn und Wein,
muss im Juni Wärme sein.

Bleibt der Juni kühl,
wird's dem Bauern schwül.

Im Juni kühl und trocken,
dann gibt's was in die Milch zu brocken.

Im Juni bleibt man gerne steh'n,
um nach Regen auszuseh'n.

Kalter Juniregen
bringt Wein und Honig keinen Segen.

Wie die Junihitz' sich stellt,
stellt sich die Dezemberkält'.

Viermal Juniregen
bringt zwölfmal Segen.

Blüht im Juni der Stock in vollem Licht,
große Beeren er verspricht.

Ein Feuer und ein Kessel drauf
ist des Junius bester Lauf.

Im Juni kann des Nordwinds Horn
noch nichts verderben am Korn.

Wenn die Johannisbeeren reifen,
kannst du bald nach Kirschen greifen.

Was es im Juni in die Rosen regnet,
wird den Feldern mehr gesegnet.

Ein Nachtfrost im Junius
macht ohne Ausnahm' viel Verdruss.

Solange im Juni der Kuckuck schreit,
fürchtet die Trockenheit.

Juniglut und Dezemberkält' –
mit beiden ist es gleich bestellt.

Juniglut
bringt den Müller um Hab und Gut.

Kälte im Juni verdirbt,
was Nässe im Mai erwirbt.

Kommt der Juni heiß einher,
säuft er alle Pfützen leer.

Kalter Juniregen
ist des Müllers Verderben.

Juni

Juni

Im Juni viel Donner –
trüber Sommer.

Vor finstrer Sonne in der Blüte
der liebe Gott das Korn behüte!

Wettert der Heuet mit großem Zorn,
bringt er dafür auch reichlich Korn.

Ohne Tau kein Regen
heißt's im Juni allerwegen.

Wer nicht geht mit dem Rechen,
wenn Mücken und Bremsen stechen,
muss im Winter gehen mit dem Strohseil
und fragen: Hat niemand Heu feil!

Wenn kalt und nass der Juni war,
verdirbt er meist das ganze Jahr;
doch Sonnenschein und warmer Regen,
lässt hoffen dich auf reichen Segen.

Ist der Brachmonat allzu nass,
leeret er Scheunen und Fass;
hat er aber zuweilen Regen,
so gibt es reichlichen Segen.

Nordwind, der im Juni weht,
nicht im besten Rufe steht.
Kommt er an mit kaltem Guss,
bald Gewitter folgen muss.

Lostage im Juni

Fronleichnam

Da das Gedenken an die Einsetzung der Eucharistie am Gründonnerstag stark im Schatten der Karwoche bzw. der Passion Jesu steht, wurde der Fronleichnamstag eingeführt. Er wurde erstmals 1246 in Lüttich gefeiert. 1264 wurde dieses Fest am zweiten Donnerstag nach Pfingsten festgesetzt. Bereits 1277 fand in Köln die erste Fronleichnamsprozession statt. Das Wort Fronleichnam leitet sich ab vom Mittelhochdeutschen *vron* = Herr, *lichnam* = lebendiger Leib.

Ist es Corporis Christi klar,
bringt es uns ein gutes Jahr.

Regnet's am Fronleichnamstag,
regnet's noch vier Wochen nach.

Es folgt für uns ein gutes Jahr,
wenn an Corpus Christi es ist klar.

Schönes Wetter am Herrgottstag
gutes Jahr bedeuten mag.

Wenn's am Herrgottstage regnet,
ist der Sommer selten gesegnet.

Corpus Christ schön und klar,
guter Wein in diesem Jahr.

1. Juni: hl. Fortunatus

Fortunatus († um 400) war ein Priester, Wohltäter und Wundertäter in Montefalco (Umbrien, Italien).

Ist's an Fortunatus rein,
bringt der Bauer gute Ernte ein.

Schönes Wetter auf Fortunat,
ein gutes Jahr zu bedeuten hat.

2. Juni: hl. Erasmus

Erasmus (3. Jh.?–303?) stammte nach legendenhaften Berichten aus Antiochia, wo er auch Bischof war. Sein Kult ist seit dem 6. Jahrhundert nachweisbar, und er zählt zu den Vierzehn Nothelfern. Er ist Patron der Seefahrer, Seiler, Drechsler, Weber, Haustiere, gegen Krämpfe, Koliken, Magenleiden, Geburtsschmerzen und Unterleibsbeschwerden, bei der Geburt sowie gegen Viehkrankheiten.

> Regen am Erasmustag
> verdirbt den ganzen Heuertag.

> An Erasmus viel Donner
> verkündet trüben Sommer.

6. Juni: hl. Norbert

Norbert von Xanten (um 1080–1134) verschenkte sein Vermögen, wurde zum Priester geweiht und zog als Wanderprediger durch Deutschland, Belgien und Frankreich. 1120/21 gründete er im Bistum Laon (Frankreich) das Kloster Prémontré, das zur Keimzelle des Prämonstratenserordens wurde. 1126 wurde er Erzbischof von Magdeburg. Er ist Patron für eine glückliche Entbindung.

> Wer auf Norbert baut,
> erntet Flachs und Kraut.

8. Juni: hl. Medardus

Medardus von Noyon (um 475–550) war fränkisch-römischer und adeliger Herkunft, wurde Priester und schließlich Bischof von Vermand. Den Bischofssitz verlegte er dann nach Noyon (Departement Oise). Er wurde bereits bald nach seinem Tod verehrt. Er ist Patron der Bauern, Winzer, Bierbrauer und Schirmemacher, für trockenes Heuwetter und eine gute Ernte, für Befreiung von Gefangenen, gegen Regen, Zahnschmerzen, Fieber und Geisteskrankheiten.

Medardus schreibt's
wochenlang
dem Sommerwetter vor den
Gang.

Medard bringt keinen Frost
mehr her,
der dem Weinstock gefährlich
wär.

Wie's Wetter zu Medardi fällt,
es bis zum Mondesende hält.

Was Sankt Medard für Wetter
hält,
solch Wetter auch in die Ernte
fällt.

Hat Medardus am Regen
Behagen,
will er ihn auch in die Ernte
jagen.

Wie's wittert auf Medardustag,
es sechs Wochen bleiben mag.

Regen am Medardustag,
sieben Wochen es regnen mag.

An Medardus wird ausgemacht,
ob vierzig Tag' die Sonne lacht.

Medardus Regen
bringt der Gerste keinen Segen.

Ist's auf Medardus klar,
wird der Flachs wie ein Haar.

Macht Medardus feucht
und nass,
regnet's ohne
Unterlass.

Ein sonniger Medardustag
stillt aller Bauern Klag'.

Sankt Medard keinen Regen mag,
es regnete sonst wohl 14 Tag'
und mehr, wer's glauben mag.

Wer auf Medardus baut,
erhält viel Flachs und Kraut.

St. Medard bringt keinen Frost
mehr,
der dem Weinstock gefährlich
wär.

Medardus ist ein nasser,
hält so schlecht das Wasser.

Regen am Medardustag,
verdirbt den ganzen Heuertrag.

10. Juni: hl. Margareta von Ungarn

Margareta (um 1044–1093) war die Tochter eines englischen Adeligen sowie einer ungarischen Prinzessin und wurde in Ungarn geboren. Mit zehn Jahren kam sie nach England und ehelichte um 1070 den schottischen König Malcolm III. Sie war eine gute Landesmutter, die sich für eine bessere Volksbildung einsetzte und die Armen unterstützte. Seit der Kalenderreform von 1969/70 ist der 16. November ihr Gedenktag.

> Hat Margarete keinen Sonnenschein,
> dann kommt das Heu nie trocken ein.

> Vierzehn Tag
> dauert Regen am Margretentag.

> Margret und Vit [15. 6.]
> bringen kalten Regen mit.

> Margarte –
> die Regenfrau.

> Regnet's am Margarethentag.
> dauert der Regen noch 40 [oder 14] Tag.

11. Juni: hl. Barnabas

Barnabas stammte aus Zypern. Über ihn wird in der Apostelgeschichte mehrfach berichtet. Schon früh gehörte er zur Urgemeinde in Jerusalem und wurde Begleiter des Apostel Paulus auf dessen erster Missionsreise. Später kam es zu einem Streit, und die beiden trennten sich. Danach ist wenig über sein Leben bekannt. In der zweiten Hälfte des 1. Jahrhunderts soll er den Märtyrertod durch Steinigung erlitten haben. Bis zur Gregorianischen Kalenderreform 1582 war sein Gedenktag der 21. Juni, der längste Tag. Luzia hatte ihren dagegen am 21. Dezember, dem kürzesten Tag (nunmehr 13. Dezember). Auf diesen Umstand bezieht sich gleich der erste Lostagspruch. Er ist Patron der Küfer, Böttcher und Weber, bei Streit und Traurigsein sowie gegen Betrübnis, Hagel und Steinschlag.

> An Barnabas die Sonne weicht,
> an Luzia [13. 12.] wieder her sie schleicht

> Barnabas
> macht Baum und Dächer nass.

Regnet's an Sankt Barnabas,
schwimmen die Trauben bis ins Fass.

St. Barnabas hat das beste Gras;
wohl dem, der da nicht die Sens' vergaß.

Bring die Sichel mit Sankt Barnabas,
hast längsten Tag und längstes Gras.

Die Sichel vergisst nicht Barnabas,
er sorgte gern für's längste Gras.

Wenn Barnabas bringt Regen,
gibt es auch viel Traubensegen.

St. Barnabas bringt, wenn er günstig ist,
wieder in Ordnung, was verdorben ist.

Mit der Sens' der Barnabas –
schneidet ab das längste Gras.

Regen an St. Barnabas,
währet 40 Tage ohne Unterlass.

St. Barnabas,
schneidet das Gras.

13. Juni: hl. Antonius von Padua

Antonius (1195–1231) lebte als Sohn reicher Eltern in Lissabon. Mit 15 Jahren wurde er Augustiner-Chorherr, wechselte aber 1220 zu den Franziskanern. Zuerst kurze Zeit Missionar in Marokko war er dann in Italien, wo er als begnadeter Prediger auftrat. Er ist Patron der Armen und Sozialarbeiter, der Liebenden und der Ehe, der Frauen und Kinder, der Bäcker, Bergleute, Schweinehirten und Reisenden, der Pferde und Esel; gegen Unfruchtbarkeit, teuflische Mächte, Fieber, Pest und Viehkrankheiten, bei Schiffbruch und in Kriegsnöten; für Wiederauffinden verlorener Gegenstände, gute Entbindung und eine gute Ernte.

Wenn Sankt Anton d'Sonne lacht,
Sankt Peter [29. 6.] viel in Wasser macht.

Sankt Antoni
vergiss den Lein nie!

Regnet's am Antoniustag,
wird's Wetter später, wie es mag.

Hat Antonius starken Regen,
geht's mit der Gerste wohl daneben.

14. Juni: hl. Basilius

Basilius der Große (um 330–379) wollte zunächst Anwalt werden, entschloss sich dann aber für das Mönchsleben. 355 gründete er ein Kloster in einer einsamen Gegend in Kappadozien und verfasste zukunftsweisende Mönchsregeln (Basilianerregeln). 370 wurde er Erzbischof von Cäsarea (dem heutigen Kayseri, Türkei). Bei der Kalenderreform 1969/70 wurde der 2. Januar sein Gedenktag. Er ist Patron der Kinder und der ostkirchlichen Mönche sowie der Seefahrt.

Wie der Basilius,
so der September.

15. Juni: hl. Vitus

Vitus (Veit) (Ende 3. Jh.–um 304) starb schon im Kindesalter als Märtyrer. Seine geschichtliche Existenz ist gesichert, seine Lebensgeschichte jedoch legendär verdunkelt. Seit dem Ende des 5. Jahrhunderts ist seine Verehrung bezeugt. Vitus wird zu den Vierzehn Nothelfern gezählt, als Vorname ist Veit gebräuchlich. Wie bei Barnabas [11. 6.] so gibt es auch bei Vitus einen Spruch, der auf den Umstand hinweist, dass sein Gedenktag vor der Gregorianischen Kalenderreform in der Nähe der Sommersonnenwende lag. Vitus ist Patron der Jugendlichen und Epileptiker (sog. „Veitstanz"), der Gastwirte, Apotheker, Winzer, Schauspieler, Bierbrauer, Küfer, Bergleute, Kupferschmiede und Landsknechte; der Stummen und Tauben, der Haustiere; für Keuschheit, gute Saat und gute Ernte, gegen Besessenheit, Aufregung, Hysterie, Hunde- und Schlangenbiss; gegen Krämpfe, Tollwut, bettnässende Kinder, Augen- und Ohrenleiden, Unwetter, Blitz und Feuersgefahr, Unfruchtbarkeit.

St. Veit, der hat den längsten Tag,
die Luzi [13. 12.] die längste Nacht
vermag.

Sankt Veit wendet die Zeit,
Alles geht auf die andere Seit'.

Wie das Wetter ist an Veit,
so ist's nachher lange Zeit.

Der Wind dreht sich um
St. Veit,
da legt sich's Laub auf die
andere Seit'.

Sankt Vit
bringt Regen und Fliegen mit.

Hat der Wein abgeblüht auf
Sankt Vit,
bringt er ein schönes Weinjahr
mit.

O heiliger Veit,
o regne nicht,
dass es uns nicht an Gerst'
gebricht.

Das Wasser an St. Vit,
verträgt die späte Gerste nit.

Regen am St. Vitustag,
die Gerste nicht vertragen mag.

Der alte Vit,
der bringt nur Regen mit.

Vitus spricht: Säe Lein –
oder lass es sein.

Wer dem Sankt Veit nicht traut,
der kriegt wenig oder gar kein
Kraut.

Ist zu St. Veit der Himmel klar,
dann gibt's gewiss ein gutes Jahr.

Wenn Veit das Häfele verschütt',
bringt er Regenwetter mit.

Regnet's an Sankt Veit,
Gerste nicht leid't.

Wenn's an Vitus regnet fein,
soll das Jahr gar fruchtbar sein.

Regnet's am Veitstag,
regnet's einunddreißig Tag.

Wer da sät nach Vit,
bekommt einen Schiet.

Zu Sankt Veit
geht's auf die Weid.

Nach St. Veit
wendet sich die Zeit.

Juni

An Veit fängt das Laub zu stehen
an,
dann haben die Vögel das Legen
getan.

Margret [10. 6.] und Vit
bringen kalten Regen mit.

Der Wind dreht sich um
St. Veit,
da legt's sich Laub auf die
andere Seit'.

Hat St. Veit starken Regen,
bringt er unermesslichen Segen.

O heiliger Vitus, regne nicht,
damit es uns nicht am Korn
gebricht,
denn Regen an dem Vitustag,
die Gerste nicht vertragen mag.

Nach St. Veit, da ändert sich
die Zeit;
dann fängt das Laub zu
stehen an,
dann haben die Vögel das
Legen getan.

Wer sät nach Sankt Vit,
geht der Saat und Ernte quitt.

16. Juni: hl. Benno

Benno (um 1010–1106) stammte vermutlich aus einem sächsischen Grafengeschlecht und wurde 1066 Bischof von Meißen. Es gibt Berichte von seiner Missionstätigkeit und seinen Kirchenbauten, die sich aber nicht historisch belegen lassen. Er ist Patron der Fischer und Tuchmacher, für Regen, gegen Unwetter, Trockenheit und Pest.

Auf Benno sollst' dich stützen,
willst' Flachs und Kraut du
nützen.

Wer auf Benno baut,
kriegt viel Flachs und Kraut.

19. Juni: hl. Gervasius

Gervasius († um 300) wird als einer der ersten Märtyrer Mailands verehrt, aber über sein Leben und Sterben ist nichts bekannt. Ursprünglich war der 18. Juni sein Gedenktag. Er ist Patron der Kinder und Heuarbeiter, gegen Diebstahl, Harn- und Blutfluss sowie für eine gute Heuernte.

Wenn es regnet an Gervasius,
vierzig Tage dauern muss.

24. Juni: hl. Johannes der Täufer

Über Johannes den Täufer wird in den Evangelien mehrmals berichtet. Danach war er ein Vetter zweiten Grades von Jesus und Bußprediger am Jordan, wo er taufte. Er prangerte die zweite Ehe von König Herodes Antipas an, der ihn ins Gefängnis werfen ließ. Aus einer Laune heraus wurde er enthauptet. Er ist Patron der Schneider, Weber, Gerber, Kürschner, Färber, Sattler, Gastwirte, Winzer, Fassbinder, Zimmerleute, Architekten, Maurer, Steinmetze, Restauratoren, Schornsteinfeger, Schmiede, Hirten, Bauern, Sänger, Tänzer, Musiker, Kinoinhaber, der Lämmer, Schafe und Haustiere, der Weinstöcke, gegen Alkoholismus, Kopfschmerzen, Schwindel, Angstzustände, Fallsucht, Epilepsie, Krämpfe, Heiserkeit, Kinderkrankheiten, Tanzwut, Furcht und Hagel.

Vor Sankt Johannnistag
man Gerst' und Hafer nicht
loben mag.

Vor Johanni bitt um Regen,
nachher kommt er ungelegen.

Der Gutzgauch[11] kündet
teure Zeit,
wenn er nach Johanni
schreit.

Schreit der Gauch nach Sankt
Johann,
kündet Misswachs er uns an.

Von Sankt Johann
läuft die Sonne winteran.

Wenn die Johanniswürmchen
glänzen,
bereiten die Bauern ihre Sensen.

An Sankt Johanni Abend leg
die Zwiebel in ihr kühles Beet.

Ruft nach Johanni der Kuckuck
noch lang,
wird's dem Bauer um seine Ernte
bang.

Regen am Johannistag,
nasse Ernt' man g'warten mag.

Wenn Johannes ist geboren,
geh'n die langen Tage verloren.

Johannisregen
bringt schlechte Ernten zuwegen.

Sankt Johann
schlägt der erste Schnitter an.

Vor Johanni Heu –
nach Johanni Streu.

---

11 Kuckuck.

Juni

Ist der Bauer ein kluger Mann,
sorgt er für Holz vor Sankt
Johann.

Die Haselnuss nicht g'raten
mag,
regnet's am Johannistag.

Regnet's an Johanni sehr,
sind die Haselnüsse leer.

Regen auf Johannestag,
ist der Haselnüsse Plag.

Sankt Johannis Regengüsse
verderben uns die besten Nüsse.

Tritt auf Johanni Regen ein,
so kann der Nusswachs nicht
gedeih'n.

Am Johannitag
die ersten Kirsch' nach Hause
trag'.

Bleicht der Roggen vor Johann,
fängt die Ernte düster an.

Stich den Spargel nie
mehr nach Johanni.

Bis Johannis wird gepflanzt,
ein Datum, das du dir merken
kannst.

Kauf Holz Johannis,
willst du es haben Michaelis
[29. 9.].

Die Bienenschwärme, so vor
Johanni gefallen,
sind die besten;
aber die nach Johanni
gehören zu den schlecht'sten.

Bis zu Johanni kann's mal
regnen,
danach kommt er ungelegen.

Regnet's am Johannistag,
regnet es noch vierzehn Tag.

Johanni trocken und warm,
macht den Bauern nicht arm.

Wie's Wetter am Johanni war,
so bleibt's wohl 40 Tage gar.

Glüh'n Johanniswürmchen helle,
schöner Juni ist zur Stelle.

Vor dem Johannistag,
keine Gerste man loben mag.

Am Sankt Johannistag
hat der Teufel keine Macht.

Reif in der Johannisnacht,
den Bauern Beschwerden macht.

Bis Johanni nicht vergessen,
sieben Wochen Spargel essen.

26. Juni: hl. Vigilius

Vigilius von Trient (um 360–405) stammte aus Rom und wurde um 385 Bischof von Trient. Um 500 entstand seine legendäre Lebensgeschichte, wonach er beim Missionieren erschlagen wurde. Er ist der Patron der Bergwerke. In Trient ist sein Gedenktag am 31. Januar (siehe S. 43).

> Regen um Vigilius
> wochenlang oft dauern muss.

26. Juni: hll. Johannes und Paulus

Die Brüder Johannes und Paulus († 4. Jh.) waren der Legende nach in Rom frühchristliche Märtyrer. Sie sind Patrone bei Gewitter, Blitz, Hagel und Pest sowie für und gegen Regen und Sonnenschein.

> Johannes und Paulus künden an,
> wie der Juli werden kann.

> Sankt Paul und Sankt Johann
> künden den Juli an.

27. Juni: Siebenschläfer

Siebenschläfer ist ein Tag mit großer Bedeutung für das Wetter des Jahres. Auch zu diesem Tag gibt es eine Fülle von Bauernregeln, die sich auf das kommende Wetter beziehen. Man konnte also nur hoffen, dass am Siebenschläfertag schönes Wetter war, so brauchten die Bauern sich nicht um ihre Ernte zu sorgen. Statistische Analysen ergaben, dass die Regel zwar nicht für den Siebenschläfertag selbst, jedoch für die erste Juliwoche in manchen Gegenden in 60 bis 70 Prozent der Fälle zutrifft, was mit dem Jetstream zusammenhängt, welcher sich üblicherweise Ende Juni bis Anfang Juli für einige Zeit stabilisiert. Liegt er im Norden, so werden Tiefdruckgebiete meist in Richtung Nordeuropa abgelenkt und Hochs dominieren das Wetter im südlichen Mitteleuropa, liegt er weiter südlich, so können Tiefs über Mitteleuropa hinwegziehen.

Mit dem gleichnamigen Nagetier besteht jedoch kein Zusammenhang. Seinen Namen verdankt der Siebenschläfertag einer alten Legende, die auch in anderen Kulturen zu finden ist. Danach hatten sieben junge Christen in der Zeit der Christenverfolgung unter Kaiser Decius (249–251) in einer Berghöhle nahe Ephesus Zuflucht gesucht. Als ihre Namen wurden in der westlichen Kirche Maximian, Malchus, Martinian, Dionysius, Johannes, Serapion und Constantin überliefert. Sie wurden entdeckt und lebendig eingemauert. Der Legende nach starben sie nicht, sondern schliefen 195 Jahre lang. Am 27. Juni 446 wurden sie zufällig entdeckt, wachten auf, bezeugten den Glauben an die Auferstehung der Toten und starben wenig später.

In Westeuropa wurden die sieben Schläfer schon im frühen Mittelalter verehrt. Bei der Kalenderreform des Jahres 1582 von Papst Gregor XIII. wurde der Gedenktag vom 7. Juli auf den 27. Juni verlegt, der dann zu einem bekannten Lostag wurde. Nach der Kalenderreform von 1969/70 ist nun der 27. Juli der Gedenktag. Die Siebenschläfer sind Patrone bei Fieber und Schlaflosigkeit.

Das Wetter am
Siebenschläfertag
sieben Wochen halten mag.

Siebenschläferregen
wird sich erst Laurenzi [10. 8.]
legen.

Ist der Siebenschläfer nass,
regnet's ohne Unterlass.

Wenn's am Siebenschläfer
gießt,
sieben Wochen Regen
fließt.

Wenn's am Siebenschläfer
regnet,
sind wir sieben Wochen mit
Regen gesegnet.

Wenn die Siebenschläfer Regen
kochen,
dann regnet's ganze sieben
Wochen.

Werden die sieben Schläfer nass,
regnet's noch lange Fass um Fass.

Der Siebenschläferregen,
der bringt dem Lande keinen
Segen.

Scheint am Siebenschläfer Sonne,
gibt es sieben Wochen Wonne.

Siebenschläferregen
wird sich erst Laurenzi legen.

Regen an Sankt Siebenschläfer –
's Wetter 40 Tag nicht bräver.

29. Juni: hll. Apostel Petrus und Paulus

Petrus hieß ursprünglich Simon, erhielt aber von Jesus den Beinamen Petrus (= Fels) und war Fischer. Jesus gab ihm eine Führungsrolle unter den Aposteln. Über das Wirken des Petrus wissen wir nur wenig. Zuletzt hielt er sich in Rom auf, wo er unter Kaiser Nero um 67 den Märtyrertod am Kreuz fand. Er ist Patron der Päpste, der Reuigen, Büßenden, Beichtenden, der Brückenbauer, Metzger, Glaser, Schreiner, Schlosser, Schmiede, Eisenhändler, Bleigießer, Uhrmacher, Papierhändler, Töpfer, Maurer, Ziegelbrenner, Steinhauer, Netzweber, Tuchweber, Walker, Fischer, Fischhändler, Schiffer und Schiffbrüchigen, der Jungfrauen sowie gegen Besessenheit, Fallsucht, Tollwut, Fieber, Schlangenbiss, Fußleiden und Diebstahl sowie des Wetters.

Paulus hieß mit hebräischem Namen Saulus, stammte aus Tarsus und war römischer Bürger. Er war zuerst ein radikaler Christenverfolger. Nachdem ihm vor Damaskus in einer Vision Christus begegnet war, wurde er auf seinen drei Missionsreisen zum Apostel der Völker. Durch viele Briefe hielt er regen Kontakt mit den von ihm gegründeten Gemeinden. Unter Kaiser Nero erlitt Paulus um das Jahr 67 den Tod durch das Schwert. Er ist Patron der Theologen und Seelsorger, Weber, Teppichweber, Zeltwirker, Korbmacher, Seiler, Sattler, Arbeiterinnen, der katholischen Presse, für Regen und Fruchtbarkeit der Felder sowie gegen Furcht und Angst, Ohrenleiden, Krämpfe, Schlangenbiss, Blitz und Hagel.

> Schönwetter zu Sankt Paul
> füllt Tasche und Maul.

> Ist es von Petrus bis Laurentius [10. 8.] heiß,
> dann bleibt's im Winter lange weiß.

> Mit reifen Kirschen füllt die Schüssel,
> Sankt Peter mit dem Himmelsschlüssel.

> Petrum Purzel
> bricht dem Korn die Wurzel.

> Peter und Paul
> hauet einander aufs Maul.

Juni

Regnet es an Peter und Paul,
wird des Winzers Ernte faul.

St. Paulus schön und Sonnenschein,
bringt Fruchtbarkeit und Korn und Wein.

Ist's an Peter-Pauli klar,
hoffe auf ein gutes Jahr!

Regnet's an Sankt Petertag,
drohen dreißig Regentag.

Peter und Paul
machen dem Korn die Wurzel faul,
und nach vierzehn Tagen
muss es auf den Wagen.

Peter und Paul,
hat Wasser im Maul.

Um Peter und Paul,
wird dem Korn schon mal die Wurzel faul.

Georgus [23. 4.] und Marks [25. 4.],
die bringen oftmals was Arg's;
Philippi und Jakobi [1. 5,],
sind dann noch zwei Grobi;
Pankraz, Servaz, Bonifazi [12., 13., 14. 5.],
das sind erst drei Lumpazi.
Oft der Urban gar [25. 5.],
ist streng fürwahr,
und Peter und Paul,
die sind meist nur faul.

*Sankt Anna klar und rein,
wird bald das Korn geborgen sein.*

Juli

Heumonat, Heuert, Beerenmonat

Juli, der siebente Monat des Jahres mit 31 Tagen, war nach der altrömischen Zeitrechnung der fünfte Monat und hieß daher ursprünglich Quintilis. Zu Ehren von Julius Cäsar, der den Kalender verbesserte, wurde dieser Monat, an dessen zehntem Tage er geboren wurde, Juli benannt, also Monat des Julius Cäsar. Von der Heuernte, die im Juli stattfindet, stammt der von Kaiser Karl I. dem Großen eingeführte Name Hewimanoth (Heumonat).

Im bäuerlichen Arbeitsjahr wurde im Juli das Heu auf den höher gelegenen Wiesen des Berglandes geschnitten und eingefahren. Auch hier halfen alle Bewohner des Hofes zusammen. Der Roggen auf den Feldern wurde ab der Monatsmitte geerntet. Im Bauerngarten konnten schon die ersten Möhren (Karotten) und Rote Beete (Randen), Mangold, Erbsen und Frühkohl geerntet werden. Auch das erste Obst war reif: Kirschen, Äpfel, Pflaumen, Stachelbeeren mussten gepflückt werden. Die Männer gingen zu dieser Zeit ins „Holz": Sie schlugen das Holz zum Bauen und zum Verarbeiten auf dem Hof. Dabei hielt man sich streng an die alten, überlieferten Regeln zum Holzschlag. Der Flachs zum Spinnen musste ebenfalls geerntet werden. Er wurde ausgezogen und für die spätere Verarbeitung getrocknet.

Des Juli warmer Sonnenschein
macht die Früchte reif und fein.

Juli heiß,
lohnt Müh und Schweiß.

Julisonnenstrahl
gibt eine gute Rübenzahl.

Im Juli muss vor Hitze braten,
was im September soll geraten.

Im Juli den Regen entbehren
müssen,
das hilft zu kräftigen Kernen und
Nüssen.

Wann die Sonne im Leuen[12] gehet,
alsdann die größte Hitze entstehet.

Was Juli und August nicht taten,
lässt auch der September ungebraten.

Genauso wie der Juli war,
wird der nächste Januar.

Ohne Tau kein Regen
heißt's im Juli allerwegen.

Wie der Januar
stets der Juli war.

Julisonne –
doppelte Wonne.

So golden im Juli die Sonne strahlt,
so golden sich der Roggen mahlt.

Wenn die Schwalben Ende Juli
schon ziehen,
sie vor der baldigen Kälte
fliehen.

Auf drei Julitage Sonne einen Tag Regen,
gereicht Berg und Tal zum Segen.

Ein tüchtiges Juligewitter
ist gut für Winzer und Schnitter.

Fängt der Juli mit Tröpfeln an,
wird man lange Regen han.

Wenn's im Juli bei Sonnenschein regnet,
man viel giftigem Mehltau begegnet.

Können Juli und August nicht
kochen sein,
lässt auch der September das
Braten sein.

Türmt im Juli die Ameise den
Haufen,
so magst du noch Holz für den Winter
kaufen.

Regnet's zum Juli hinaus,
so guckt der Bauer nicht gern aus dem
Haus.

Die Sonne im Juli will immer dienen,
hat noch keinen aus dem Lande
geschienen.

Wird der Juli trocken sein,
so kannst du hoffen auf guten Wein.

---

12 Sternbild des Löwen ab 21. Juli.

Juli

Wenn im Juli die Immen[13] hoch bauen,
kannst du dich nach Holz und Torf umschauen.

Sommers Höhenrauch in Menge –
deutet große Winterstrenge.

Was nicht gut im Juli steht,
im September nicht gerät.

Schnappt im Juli das Weidvieh Luft,
riecht es schon Gewitterduft.

Juliwolken –
fette Molken.

Der Juli warm und trocken,
wird Frucht und Wein herlocken.

Juliregen
nimmt den Erntesegen.

Kommt ab und zu ein Julgewitter,
verzagen weder Winzer noch die Schnitter.

Nur in der Juliglut
wird Obst und Wein dir gut.

Im Juli Finkenschlag früh vor Tag
fleißig Regen bringen mag.

Wenn Donner grollt im Julius,
viel Roggen man erwarten muss.

Wenn der Juli die Ähren wäscht,
klebt das Mehl an den Fingern fest.

Im Juli viele Rosen –
scharfes Wintertosen.

Macht der Juli uns heiß,
bringt der Winter viel Eis.

Hagelt's im Juli und August,
ist's aus mit des Bauern Freud und Lust.

Wenn im Juli die Ameisen hoch tragen,
wollen sie frühen Winter ansagen.

Was du an einem Tag versäumest im Julei,
schaffen zehn Tage im August nicht herbei.

Im Juli will der Bauer lieber schwitzen,
als hinter'm warmen Ofen sitzen.

Bringt der Juli heiße Glut,
gerät auch der September gut.

Strahlt Frau Julisonne in Sommerpracht,
denk' an die lange Winternacht.

Wettert der Juli mit großem Zorn,
bringt er dafür reichlich Korn.

Juli – Sonnenbrand,
gut für Leut' und Land.

Der Juli bringt die Sichel
für Hans und den Michel.

So selten wie ein Kopf ohne Nagel,
so selten ein Juli ohne Hagel.

---

13 Bienen, Bienenschwarm.

Juli

Kalter Juliregen
für die Rehbrunft kein Segen.

Hört der Juli mit Regen auf,
geht leicht ein Teil der Ernte drauf.

Was der Juli verbricht,
rettet der September nicht.

Ist der Juli für die Bienen gut,
so brechen die früheren Monate
nicht an Mut.

Was nicht gut im Juli steht,
im September nicht gerät.

So golden im Juli die Sonne erstrahlt,
so golden sie uns die Ernte bemalt.

Nachts Regen, tags Sonne,
fülle Scheuer, Sack und Tonne.

Juli am Morgen kein Tau gelegen,
warte bis Abend auf sicheren Regen.

Fällt Juliregen wie feiner Staub,
an gut Wetter glaub!

Fangen die Spinnen an, ihr Netz zu
vernichten,
an langen Fäden in Schlupflöcher zu
flüchten,
so weiß man im Sommer ganz gewiss,
dass in Kürze mit Sturm zu rechnen ist.

Wenn Julius nicht donnert und blitzt,
der Schnitter nicht schwitzt,
der Juli dem Bauer nichts nützt.

Wenn Julius nicht donnert und blitzt,
wenn der Schnitter nicht schwitzt,
und der Regen dauert lang,
wird's dem Bauersmanne bang.

Fällt kein Tau im Julius,
Regen man erwarten muss.

Fängt der Juli mit Tröpfeln an,
wird man lange Regen ha'n

Lostage im Juli

2. Juli: Mariä Heimsuchung

Beim Fest Mariä Heimsuchung wird des Besuches von Maria bei ihrer Verwandten (Base bzw. Cousine) Elisabeth gedacht (Lukas 1,39–56). Der Ursprung des Festes liegt im Orient, 1389 wurde es auf das ganze Abendland ausgedehnt. Außerhalb des deutschen Sprachraums wird das Fest am 31. Mai gefeiert.

Wie Maria ins Gebirg'
zieht ein,
so wird der ganze Juli
sein.

Mariä Heimsuch wird's
bestellt
wie's Wetter vierzig Tag'
sich hält.

Wie Maria über das Gebirge geht,
so vierzig Tag das Wetter steht.

Geht Mariä übers Gebirg' bei
Sonnenschein,
so wird der Juli trocken sein.

Regnet's an unserem
Frauentag,
so regnet's nacheinander
vierzig Tag.

Geht Mariä übers Gebirge
nass,
bleibt leer die Scheune und
das Fass.

Fällt Regen am
Heimsuchungstag,
vier Wochen lang er währen
mag.

Wie Maria fortgegangen,
wird Magdalena [22. 7.]
sie empfangen.

Regnet's am Tag unserer lieben Frauen,
da sie das Gebirg' tät beschauen,
so wir sich das Regenwetter mehren
und vierzig Tag nacheinander währen.

3. Juli: hl. Irenäus

Irenäus (um 130–um 202) wurde in Kleinasien geboren, war ein bedeutender Theologe der frühen Kirche und wurde um 177/78 Bischof von Lyon. Seit 1962 ist der 28. Juni sein Gedenktag.

Irenäus Regentag –
kein Segentag.

Irenäusregen
bringt keinen Segen.

4. Juli: hl. Ulrich

Ulrich (um 890–973) wurde in Augsburg geboren und dort 923 zum Bischof gewählt. Er verteidigte seine Bischofsstadt 955 in der Schlacht auf dem Lechfeld erfolgreich gegen die Ungarn. Schon 20 Jahre nach seinem Tode wurde er als Erster durch eine förmliche Kanonisation heiliggesprochen. Er ist der Patron der Winzer, Weber, Fischer und Fischhändler, auf der Reise, gegen Augenleiden und Wassergefahren sowie für gutes Wetter.

Ulrich und Veit [15. 6.]
tun nie wie die Leut'.

Regen am Ulrichstag,
der Wurm die Birnen mag.

Ueli und Vit,
beid send ned gschit.

Regen am St. Ulrichstag,
macht die Birnen stichig-mad.

Sankt Ulrich lernt',
wie's Wetter um d'Ernt'.

Wenn's am Ulrichstag donnert,
fallen die Nüsse vom Baum.

Donner am Uelitag,
mängi Nuss nüm hange mag.

8. Juli: hl. Kilian

Der irische Wanderbischof Kilian (7. Jh.–689?) wurde nach Germanien gesandt, um dort zu missionieren. Er gilt als Apostel des Frankenlandes. Er ist Patron der Weißbinder und Tüncher, gegen Augenleiden, Gicht und Rheumatismus.

Sankt Kilian, der heilige Mann,
stellt die ersten Schnitter an.

An St. Kilian
säe Wicken und Rüben an.

Wer Rüben will essen,
darf den Kilian nicht vergessen.

Sankt Kilian
ist der rechte Rübenmann.

Zu Kilian
schneid't jedermann.

Säh' Kilian die Rüben, Mann,
stell' die ersten Schnitter an!

Ist's zu St. Kilian schön,
werden viele gute Tage vergeh'n.

10. Juli: Siebenbrüdertag

Der Siebenbrüdertag gedenkt der sieben Söhne der hl. Felicitas, die zusammen (um 166) den Märtyrertod erlitten hatten. Als Namen dieser sieben Söhne sind überliefert: Alexander, Felix, Januaris, Martialis, Philippus, Silvanus (Silanus) und Vitalis. Der Gedenktag der hl. Felicitas ist der 23. November.

Sind die Siebenbrüder nass,
regnet's ohne Unterlass.

Das Wetter am Siebenbrüdertag
sieben Wochen noch so bleiben mag.

Sieben Brüder Regen,
bringt weder Nutzen noch Segen.

Regnet's am Siebenbrüdertag,
gibt's sieben Wochen Regenplag.

Sitzen die Siebenbrüder im Wasser,
werden sie sieben Wochen immer nasser.

Die sieben Brüder 's Wetter machen,
ob sie weinen oder lachen.

Wie es die sieben Brüder treiben,
soll es noch sieben Wochen lang bleiben.

Wenn sich die sieben Brüder sonnen,
kommt sieben Wochen Wonnen.

An Siebenbrüder Regen,
der bringt dem Bauern keinen Segen.

10. Juli: hl. Amalia

Amalia (Amalberga) († um 690) entstammte einem fränkischen Adelsgeschlecht und wurde Nonne in Maubeuge in Nordfrankreich (fläm. Mabuse; dt. Malbode).

An Amalie Sonnenschein,
bringt viel Korn und Weizen ein.

12. Juli: hll. Hermagoras und Fortunatus

Hermagoras und Fortunatus stammten aus Singidunum (Belgrad) und erlitten gemeinsam unter Kaiser Diokletian 305 das Martyrium. Hermagoras soll der erste Bischof von Aquileia gewesen sein. Sichere Nachrichten über beide gibt es nicht. Sie werden in Aquileia und in dessen früherem Einflussbereich (z. B. Kärnten) besonders verehrt.

Ist's am Fortunatstag klar,
so verheißt's ein gutes Jahr.

12. Juli: hl. Johannes Gualbertus

Johannes Gualbertus (um 995–1073) stammt aus der Gegend von Florenz und war Adeliger. 1013 wurde er Benediktiner und gründete 1037 eine eigene Mönchsgemeinschaft. Er ist Patron der Forstleute und Waldarbeiter sowie gegen Besessenheit.

> Der Juli bringt die Sichel
> für (Jo-)Hans und den Michel [29. 9.].

14. Juli: hl. Bonaventura

Bonaventura (1221–1274) trat 1242 in Paris dem Franziskanerorden bei. 1257 wurde er zum Ordensgeneral gewählt und leitete den Orden bis zu seinem Tod. 1273 ernannte Papst Gregor X. ihn zum Kardinalbischof von Albano. Seit der Kalenderreform von 1969/70 ist der 15. Juli sein Gedenktag. Er ist der Patron der Theologen, Kinder, Arbeiter, Lastenträger und Seifenfabrikanten.

> Regen am Bonaventuratag,
> kein Bauer loben mag.

15. Juli: Apostelteilung

An diesem Tag gedenkt man, dass sich der Überlieferung nach die Apostel getrennt haben, um das Evangelium in aller Welt zu verkünden.

> Ist Apostelteilung schön,
> kann das Wetter der sieben Brüder [10. 7.] geh'n.

17. Juli: hl. Alexius

Über Alexius (4. Jh.–um 430) gibt es nur spätere Legenden. Er soll in Edessa (heute Sanliurfa, Türkei) als Einsiedler gestorben sein. Er ist Patron der Pilger, Bettler, Vagabunden und Kranken, gegen Erdbeben, Blitz und Unwetter, Pest und Seuchen.

Regen an Alexe
wird zur alten Hexe.

Wenn Alexius verregnet heuer,
werden Korn und Früchte teuer.

Wenn's an Alexius regnet,
so fault das Getreide auf der Mauer.

Wenn's an Alexius regnet,
ist die Ernt' und Frucht gesegnet.

Bereitet mit Himmelsnass Alexius Verdruss,
der Bauer bis Anna [26. 7.] im Haus bleiben muss;
doch lässt er die Sonne vom Firmament lachen,
Schlechtwetterwolken bis Lydia [3. 8.] über'm Dach kaum erwachen.

19. Juli: hl. Vinzenz von Paul

Vinzenz von Paul (1581–1660) arbeitete nach der Priesterweihe in der Seelsorge in Paris. Er sammelte gleichgesinnte Männer und Frauen um sich und gründete 1625 die Lazaristen (oder Vinzentiner), deren Hauptaufgabe noch heute die Fürsorge für die Armen und die Kranken ist. Durch seine praktischen Werke wurde er zu einem Begründer und Organisator der kirchlichen Caritas der Neuzeit. Seit der Kalenderreform von 1969/70 ist sein Gedenktag der 27. September. Er ist Patron aller caritativen Vereine und Werke, des Klerus, der Waisen- und Krankenhäuser, der Gefangenen sowie für das Wiederfinden verlorener Sachen.

Vinzenz Sonnenschein –
füllt die Fässer mit Wein.

20. Juli: hl. Margareta von Antiochia

Margareta von Antiochien (3. Jh.–305) ist eine legendäre frühchristliche Märtyrerin. Sie wird seit frühester Zeit in der Ostkirche verehrt, im Westen ist ihre Verehrung seit dem 7. Jahrhundert bezeugt.

Juli

Mit Barbara [4. 12.] und Katharina [25. 11.] zählt sie als Nothelferin zur Gruppe der „drei heiligen Madln" und mit diesen und Dorothea [6. 2.] zusammen zu den vier *Virgines capitales*, den „wichtigsten Jungfrauen". Im deutschsprachigen Raum ist als Gedenktag auch der 13. Juli überliefert (Datum des Empfangs der Gebeine in Lüttich). Sie ist Patronin der Bauern, Hirten, Jungfrauen, Ammen, Mädchen, Gebärenden, unfruchtbaren Ehefrauen, der Fruchtbarkeit, bei schweren Geburten, Gesichtskrankheiten und Wunden sowie gegen Unfruchtbarkeit.

Die erste Birn' bricht Margaret,
drauf überall die Ernt' angeht.

Am Margaretentage
ist Regen eine Plage.

Bringt Margarete Regenzeit,
verdirbt die Ernte weit und breit.

Regnet es auf Margaret,
die Nuss schlecht gerät.

An Margareten Regen,
bringt Heu und Nüssen keinen
Segen.

Gegen Margarete und Jakoben
[25. 7.]
die stärksten Gewitter toben.

Regnet's auf Sankt Margaret,
Obst und Nuss oft schlecht
gerät.

Margarete
bringt den Flachs auf die Beete.

Hat Margrit keinen
Sonnenschein,
fährt keiner trocken Heu ein.

Wie's Wetter an Sankt Margaret,
dasselbe noch vier Wochen steht.

Regen am Margaretentag
bringt viel Klag'.

Margaretentag
beißt dem Korn die Wurzel ab.

Margaretenregen,
wird erst nach Monatsfrist sich
legen.

An Margareten Regen,
bringt Heu und Nüssen keinen
Segen.

Regen am Margaretentag,
sagt dem Hunger guten Tag.

Margaretenregen,
bringt Segen.

Margaret bringt heiße Glut,
so gerät der September gut.

20. Juli: Prophet Elias

Elias (Elija) (um 912–nach 850) war ein Prophet im Nordreich Israel. Über seine Tätigkeit wird in den beiden Büchern Könige des Alten Testamentes berichtet. Er gilt als der größte Prophet und wurde vor den Augen seines Nachfolgers, des Propheten Elisäus (Elischa), im feurigen Wagen in den Himmel entrückt (2 Könige 2,1–18), daher die Bezeichnung „feuriger Elias". Er ist der Patron der Flugzeuge und Luftschiffe, der Autofahrer, gegen Gewitter und Feuer sowie gegen Fieber und Pocken.

<blockquote>
Hat Elias einen Regenhut,
er den Mäusen gefallen tut.
</blockquote>

<blockquote>
Regnet's am Tage Elias,
gibt's viel Mehltau und Mäusefraß.
</blockquote>

22. Juli: hl. Maria Magdalena

Maria Magdalena ist neben der Mutter Jesu die bedeutendste Frau des Neuen Testaments und war die treueste Anhängerin Jesu. Biblisch ist mehrfach bezeugt, dass der auferstandene Jesu ihr als Erstzeugin erschienen ist. Deshalb gaben ihr die Kirchenväter den Ehrentitel „Apostolin der Apostel". Sie ist Patronin der Frauen, reuigen Sünderinnen und Verführten; der Kinder, die schwer gehen lernen, der Schüler und Studenten, Gefangenen; der Handschuhmacher, Wollweber, Kammmacher, Friseure, Salbenmischer, Bleigießer, Parfüm- und Puderhersteller, Gärtner, Winzer, Weinhändler, Böttcher sowie gegen Augenleiden und Pest; gegen Gewitter und Ungeziefer.

<blockquote>
Magdalena weinet gern,
denn sie klagt um ihren Herrn.
</blockquote>

<blockquote>
An Magdalena regnet's gern,
denn sie weinte um den Herrn,
</blockquote>

Regnets am Magdalenentag,
folget stets mehr Regen nach.

Am Tag der heil'gen Magdalen
kann man schon volle Nüsse seh'n.

Magdalenen
fehlt's nicht an Tränen.

23. Juli: hl. Apollinarius

Von Apollinaris (1. Jh. oder 2. Jh.) ist nur wenig bekannt. Alte Legenden erzählen, er sei mit dem Apostel Petrus von Antiochia nach Rom gekommen. Andere Quellen verlegen seine Lebensgeschichte in die Zeit um 200. Einige seiner Reliquien sollen ins Rheinland gekommen sein, wo Apollinaris besonders verehrt wird. Sein eigentlicher Gedenktag ist der 20. Juli, im deutschsprachigen Raum jedoch der 23. Juli. Er ist Patron der Nadelmacher, gegen Gallen- und Nierensteine, Gicht, Geschlechtskrankheiten und Epilepsie.

lar muss Apollinarius sein,
soll sich des Bauern Herz erfreu'n.

Klar muss Apollinaris sein,
dann bringt man gute Ernte heim.

25. Juli: hl. Apostel Jakobus der Ältere

Gemeinsam mit seinem Bruder Johannes wurde Jakobus von Jesus zum Apostel berufen. Die Überlieferung berichtet, dass Jakobus der Ältere in Jerusalem und in Samaria gewirkt habe. Als erster der Apostel erlitt er am Osterfest des Jahres 43 oder 44 das Martyrium. Später sollen seine Gebeine auf den Sinai gebracht worden sein, wo man dafür das Jakobuskloster (heute Katharinenkloster) errichtete. Um sie vor dem Zugriff der Sarazenen zu retten, sollen die Gebeine im 8. Jahrhundert nach Spanien gebracht worden sein. Vom 10. Jahrhundert an entwickelte sich daraus der berühmte Wallfahrtsort Santiago de Compostela. Er ist Patron der Krieger, Arbeiter, Lastenträger, Seeleute, Hutmacher, Strumpfwirker, Wachszieher, Kettenschmiede, Apotheker und Drogisten; der Pilger und Wallfahrer, für das Wetter, für Gedeihen der Äpfel und Feldfrüchte sowie gegen Rheumatismus.

Zu Jakoben
wachsen die Rüben unten
und oben.

Scheinet die Sonn am Sankt
Jakobstag,
hat man um Weihnachten
große Plag.

Ist's zu Jakobi dürr,
geht der Winter ins Geschirr.

Ist Jakobi hell und warm,
friert man zu Weihnachten bis
in den Darm.

St. Jakobin
streut Salz in d'Birn'.

An Jakobi d'Eichel raus,
oder's wird nix draus.

Wenn Jakobi tagt,
werden die jungen Störche vom
Nest gejagt.

Fällt vor Jakobi die Blüte vom
Kraut,
wird keine gute Kartoffel
gebaut.

Jakobi heiß
lohnt Mühe und Schweiß.

Jakobus in seiner hellen Gestalt
macht den Winter kalt.

Ist es schön auf St. Jakobi-Tag,
viel Frucht man sich versprechen
mag.

Ist's zu Jakobi hell und
warm,
macht zu Weihnachten den
Ofen warm.

Nach trockenem
Jakobitag,
ein strenger Winter
kommen mag.

Ist Jakob am Ort,
ziehen die Störche bald fort.

Um Jakobi heiß und
trocken,
kann der Bauersmann
frohlocken.

Ist es drei Tage vor Jakobus
schön,
wird gut das Korn und dauerhaft
steh'n.

Jakobitag schön,
im Christmonat mehr Brise
als Föhn!

Juli

Sind um Jakobi die Tage warm,
gibt's im Winter viel Kält' und Harm.

Wenn es regnet zu Sankt Jakob,
regnet's den Weibern in den Backtrog.

Jakobi klar und rein,
wird's Christfest frostig sein.

Zu Jakobi wird die Birn' gesalzen,
zu Barthlomä [24. 8] geschmalzen.

Fällt auf Jakobi Regen,
werden die Eicheln verderben.

Regnet's am Jakobitag,
kommt der schlechte Flachs noch nach.

Wenn der Kuckuck um Jakobi schreit,
wird es eine teure Zeit.

Schäfchenwolken am Jakobitag –
viel Schnee im Winter fallen mag.

St. Jakobustag Vormittag
bedeuten tut
die Zeit der Weihnachten, das halt in Hut.

Jakobi ohne Regen,
strenger Winter auf allen Wegen.

Bläst Jakobus weiße Wölkchen in die Höh,
sind's Winterblüten zu vielem Schnee.

Sankt Jakob nimmt hinweg die Not,
bringt erste Frucht und frisches Brot.

Um Jakobi heiß und trocken,
kann der Bauersmann frohlocken.

Wenn die Tage um Jakobi sehr sommerlich sind,
wird das Weihnachtsfest sehr winterlich.

Gegen Margareten [20. 7.] und Jakoben
die stärksten Gewitter toben.

Vor Jakobi eine Rübe,
nach Jakobi ein Rübchen.

Wenn Jakobi kommt heran,
man den Roggen schneiden kann.

25. Juli: hl. Christophorus

Christophorus († um 250) ist zwar historisch belegt, doch gibt es über sein Leben nur Legenden. Er zählt zu den Vierzehn Nothelfern und ist Patron des Verkehrs, der Furten und Bergstraßen; der Fuhrleute, Schiffer, Flößer, Fährleute, Brückenbauer, Seeleute, Pilger, Reisenden, Kraftfahrer, Chauffeure, Luftschiffer, Straßenwärter, Lastenträger, Bergleute, Zimmerleute, Hutmacher, Färber, Buchbinder, Goldschmiede, Schatzgräber, Obsthändler, Gärtner, Athleten; im Osten der Ärzte und gegen Krankheit; von Bergstraßen, Festungen; der Kinder, gegen Pest, Seuchen, Epilepsie, unerwarteten Tod, Hagel, Augenleiden, Blindheit, Zahnweh, Wunden sowie gegen Feuer- und Wassergefahren, Dürre, Sturm und Unwetter.

> Sankt Christoph kommt heran,
> man den Roggen schneiden kann.

> Wenn gedeihen soll der Wein,
> muss der Christoph trocken sein.

25. Juli: sel. Willebold

Willebold (12. Jh.–nach 1230) war ein Jerusalem-Pilger und ist in Berkheim (Kreis Biberach) verstorben, wo bald nach seinem Tod seine Verehrung einsetze.

> Sankt Willebold
> ist allen Bauern hold.

26. Juli: hl. Anna

Joachim und Anna, die Eltern Marias, finden erstmals Erwähnung im Protoevangelium des Johannes (zweite Hälfte des 2. Jahrhunderts). Im Zusammenhang mit der wachsenden Marienverehrung setzte im Spätmittelalter eine Hochblüte des Anna-Kultes ein. Sie wird meist zusammen mit Maria und Jesus dargestellt („Anna selbdritt"). Der Gedenktag von Joachim war früher getrennt am 16. August. Seit der

Kalenderreform 1969/70 gilt der 26. Juli als ihr gemeinsamer Gedenktag. Sie ist Patronin der Mütter und der Ehe, der Hausfrauen, Hausangestellten, Ammen, Witwen, Armen, Arbeiterinnen, Bergleute, Weber, Schneider, Strumpfwirker, Spitzenklöppler, Knechte, Müller, Krämer, Schiffer, Seiler, Tischler, Drechsler, Goldschmiede, der Bergwerke, für eine glückliche Heirat, für Kindersegen und glückliche Geburt, für Reichtum und Wiederauffinden verlorener Sachen und Regen sowie gegen Gicht, Fieber, Kopf-, Brust- und Bauchschmerzen, Gewitter.

Werfen die Ameisen am Annatag höher auf,
so folgt zuverlässig ein harter Winter drauf.

Bauen zu St. Annen die Ameisen,
wird es im Winter viel schneien und eisen.

Annentag warm und trocken,
lässt den Bauern frohlocken.

Ist St. Anna erst vorbei,
kommt der Morgen kühl herbei.

Um Sankt Ann,
fangen die kühlen Morgen an.

Sankt Anne
leert aus die Kanne.

Sankt Anna klar und rein,
wird bald das Korn geborgen sein.

Nach Jakob [25. 7.] und Anne
solltet d'Traube hange.

27. Juli: hl. Pantaleon

Pantaleon (auch Pantalaimon) (278–305) war Arzt und lebte in Nikomedien (Izmit, Türkei). Er fiel der Christenverfolgung zum Opfer und zählt zu den Vierzehn Nothelfern. Er ist Patron der Ärzte, Ammen, Hebammen, der Haustiere, gegen Kopfschmerzen, Auszehrung, Heuschreckenplage sowie bei Verlassenheit und Viehkrankheiten.

> Pantaleon warm und trocken,
> macht den Bauern frohlocken.

> Pantaleons Regen
> bringt keinen Segen.

29. Juli: hl. Martha

Martha von Bethanien (1. Jh.) gehörte mit ihren Geschwistern Maria und Lazarus zum Freundeskreis Jesu (Johannes 11,21–27). Über das weitere Schicksal Marthas ist nichts bekannt. Nach einer Legende soll sie mit ihren Geschwistern nach Frankreich in die Provence gekommen und in Tarascon begraben sein. Sie ist die Patronin der Häuslichkeit, der Hausfrauen, Hausangestellten, Dienstmägde, Köchinnen, Wäscherinnen und Arbeiterinnen, Gastwirte, Hoteliers und Hotelangestellten, Bildhauer und Maler, der Sterbenden sowie gegen Blutfluss.

> Wie's an Agatha [5. 2.] wettert,
> das weiß die Martha.

29. Juli: hll. Beatrix, Flora, Ladislaus, Lucilla und Olaf

Beatrix (Beate) († 304) war eine Märtyrerin in Rom; Flora (Florentine) und Lucilla waren Sklavinnen, die 265 den Märtyrertod erlitten; Ladislaus I. (1040–1095) war König von Ungarn; Olaf II. (995–1030) war König von Norwegen und erlitt den Märtyrertod.

Olaf, Beate, Lucilla, Ladislaus
verbrennen dem Bauern Scheun' und Haus.

Ist Florentine trocken 'blieben,
schickt sie Raupen in Korn und Rüben.

31. Juli: hl. Ignatius von Loyola

Ignatius (1491–1556) war zuerst Offizier. Nach einer Verletzung macht er eine Wandlung durch, an deren Ende die Gründung der Gesellschaft Jesu, der Jesuiten, stand. Seine „Geistlichen Übungen" sind bis heute die Grundlage der Gemeinschaft sowie für Exerzitien. Er ist Patron der Exerzitien und Exerzitienhäuser, der Kinder, Schwangeren und Soldaten sowie gegen Fieber, Zauberei, Gewissensbisse, Skrupel, schwere Geburt, Viehkrankheiten, Pest und Cholera.

So wie Ignaz stellt sich ein,
wird der nächste Jänner sein.

Hundstage (23. Juli bis 24. August)

Mit Schatten suchenden Vierbeinern haben die Hundstage im Hochsommer nur indirekt zu tun: „Hundstage" ist die Bezeichnung für eine Schönwetterperiode, die nach dem Hundsstern Sirius, der Anfang August mit der Sonne auf- und untergeht, benannt wurde. Während des Zeitraums der Hundstage liegt in der Regel ein Hochdruckgebiet über Mitteleuropa, welches sehr heißes Wetter mit sich bringt und sie zu den heißesten Tagen des Jahres macht.

Wie die Hundstage beginnen,
so ziehen sie wieder von hinnen.

Heiße Hundstage –
für Feldfrüchte keine Plage.

Was die Hundstage gießen,
muss die Traube büßen.

Juli

Hundstage klar,
deuten auf ein gutes Jahr;

Wie die Hundstage steh'n ins Haus,
so gehen sie auch aus.

Hundstage heiß –
Winter lange weiß.

Sind die Hundstage heiß,
bringt das Jahr noch Schweiß.

Hundstage hell und heiß –
dass bangt's im Winter jeder Geiß.

Wie die Hundstage enden,
sie den Herbst meist spenden.

Hundstage hell und klar
zeigen an ein fruchtbar Jahr;
werden Regen sie bereiten,
kommen nicht die besten Zeiten.

Sind die Hundstage heiß,
kostet's den Bauer viel Schweiß;
aber nach aller Hitzen
wird er im Trockenen sitzen.

Der Hundsstern aufgeht mit trübem Glanz,
bringt allzeit gerne Pestilanz.
Zeigt er sich aber hell und klar,
lässt hoffen er gesundes Jahr.

Trübe Aussicht an den Hundstagen,
trübe Aussicht das restliche Jahr

*Bartholomä voll Sonnenglut,
macht die Früchte stark und gut.*

August

Erntemonat, Ernting, Erntemond, Bisemond, Schnittmonat

August, der achte Monat das Jahres mit 31 Tagen, war nach dem altrömischen Kalender der sechste Monat und wurde dementsprechend Sextilis genannt, bis Kaiser Augustus zum Andenken mehrerer glücklicher Ereignisse, die ihm in diesem Monat widerfahren waren, demselben seinen eigenen Namen vom Senate verliehen ließ. Von Kaiser Karl I. dem Großen erhielt dieser Monat den Namen Aranmanoth, was Ähren- oder Erntemonat bedeutet, weil im August der Bauersmann mit der Getreideernte beginnt.

Im bäuerlichen Arbeitsjahr ist der August die Erntezeit für die meisten Getreidesorten. Schon zu Monatsbeginn wurden Weizen, Gerste und Hafer geschnitten. Die Stoppelhalme mähte man und brachte sie zum Trocknen in die Scheune. Dann folgte eine Zeit der „Brache": Man ließ die Felder ruhen und säte nichts Neues an. So verdorrten Unkraut und eingefurchte Halme am schnellsten, und man konnte sie später unterpflügen. Im Bauerngarten wurde das Wintergemüse ausgesät: Feld-, Kopfsalat und Wirsing. Mittelfrühe Kartoffeln, Lauch, Zwiebeln, Sommerkohl und Hülsenfrüchte konnte man bereits ernten, ebenso Birnen, Zwetschgen (Pflaumen) und weitere Apfelsorten.

August

Je mehr Regen im August,
je weniger Wein du erhoffen musst.

Wenn's im August nicht regnet,
ist der Winter mit Schnee gesegnet.

Fängt der August mit Donnern an,
er's bis zum End' nicht lassen kann.

Heiß der August –
des Bauern Lust.

Mitte August viel Sonnenschein,
lässt hoffen auf einen guten Wein.

Dem August sind Donner nicht
Schande;
sie nützen der Luft und dem
Lande.

Viel Staub im August
macht dem Vieh kranke Brust.

Der August reift –
der September greift.

Wenn im August der Kuckuck noch
schreit,
gibt es eine teure Winterzeit.

Ist's in der ersten Augustwoche heiß,
bleibt der Winter lange weiß.

Der August
gibt den Gust.

Wittert es viel im August,
du nassen Winter erwarten musst.

Tau im August
ist des Landmanns Lust.

August gibt sauer Speis, Salben und Wein,
Mittagsschlaf soll mit Maße sein.

Wenn im August viele Goldkäfer
laufen,
braucht der Wirt den Wein nicht
taufen.

Wenn's im August ohne Regen abgeht,
ein mager Pferd vor der Krippe steht.

Fängt der August mit Hitze an,
bleibt sehr lang die Schlittenbahn.

Mehltau im August ist sehr
ungesund,
ungereinigt Obst bring nicht in den
Mund.

August reift die Beere,
September hat die Ehre.

Ist's im August recht hell und heiß,
lacht der Bauer in vollem Schweiß.

Wenn im August die Störche
schon reisen,
da kommt ein Winter, der ist
von Eisen.

Im August beim ersten Regen
pflegt die Hitze sich zu legen.

Im August viel Regenschauer,
ist Verdruss für jeden Bauer.

Im August ein Höhenrauch –
folgt ein strenger Winter auch.

Wenn's im August taut,
bleibt das Wetter traut.

Wer schläft im August,
der schläft zu seinem Verlust.

Im August Wind aus Nord,
jagt unbeständig Wetter fort.

Augustsonne, die schon früh
brennt,
nimmt nachmittags kein gutes
End.

August ohne Feuer,
macht das Brot teuer.

August heiß –
Winter mit Eis.

Bläst im August der Nord[14],
dauert das gute Wetter fort.

Stürmt es im August –
weder Wein noch Most.

Der Bauer nicht gern schaut,
wenn's im August mehltaut.

Im August am Morgen Regen
wird vor Mittag sich nicht legen.

Ein Regen im August
ist für den Wald Erquickungslust.

Der August muss Hitze haben,
sonst wird der Obstbaumsegen
begraben.

Je mehr Regen im August,
je weniger Rebenlust.

August soll sein ein Augentrost,
macht zeitig Korn und Most.

Stellt im August sich Regen ein,
so regnet es Honig und guten Wein.

Gibt's im August keine Garben,
wird man im Winter darben.

Richt' Äcker im August zur Wintersaat,
sammle Eier ein, soviel der Vorrat hat!

Weht im August der Wind
aus Nord,
ziehen die Schwalben noch lange
nicht fort.

Was der August nicht vermocht,
kein September mehr kocht.

Immer eitel Sonnenschein
kann auch im August nicht sein.

Wer Eier für den Winter will
sparen,
der muss vom August sie
aufbewahren.

Hat der August viel Sonnengold,
ist er dem fleißigen Winzer hold.

Weder Gärtner noch Bauer
sind dem trocknen Sommer sauer.

Warme Nächte bringen
Herrenwein,
bei kühlen wird er
sauer sein.

---

14 Nordwind.

August

Will der August dem Winzer nicht lachen,
kann der September nichts mehr machen.

Augustregen wirkt wie Gift,
wenn er die reifenden Trauben trifft.

Bringt der August viel Gewitter,
wird der Winter kalt und bitter.

Der Tau ist dem August so Not,
wie jedermann sein täglich Brot.

Zieht Augusttau sich gen Himmel,
herab kommt ein Getümmel.

Wie der August geht,
der September meist steht.

Augustende –
Herbstwende.

Stellt im August sich Regen ein,
so regnet's Honig und guten Wein.

Je dicker die Regentropfen im August,
je dicker wird auch der Most.

Nasser August
macht teure Kost.

Lostage im August

1. August: Petri Kettenfeier

Petri Kettenfeier bezieht sich auf die in der Apostelgeschichte (12,5–10) berichtete wundersame Befreiung des Petrus aus dem Kerker in Jerusalem. Papst Gregor der Große (um 540–604) bestimmte dieses Datum als Fest Petri Kettenfeier.

> Ist's vom Petrus bis Laurentius [10. 8.] heiß,
> dann bleibt der Winter lange weiß.

> Zu Petri Kettenfeier von diesem Ort
> ziehen die ersten Störche fort.

3. August: hl. Lydia

Lydia war eine Purpurhändlerin in Philippi. Sie war nicht-jüdischer Herkunft, besuchte aber die Synagoge und stand der jüdischen Gemeinde nahe. Sie nahm Paulus und Silas in ihrem Haus auf (Apostelgeschichte 16, 14–15). Nachdem man die beiden ins Gefängnis geworfen und am nächsten Morgen wieder frei gelassen hatte, kehrten sie noch einmal bei ihr ein (Apostelgeschichte 16,40). Sie ist Patronin der Färber.

> Wenn Lydia den Himmel rötet,
> Regen bald die Hitze tötet.

> Lydiatau
> macht den Himmel blau.

4. August: hl. Dominikus

Dominikus (um 1170–1221) gründete 1215 die Dominikaner (*Ordo Fratrum Praedicatorum*), die in evangelischer Armut als Wanderprediger das Wort Gottes verkündigen sollten. Der Dominikanerorden breitete sich schnell über die ganze Welt aus. Nach der Kalenderreform von 1969/70 ist der 8. August sein Gedenktag. Er ist Patron der Astronomen, Schneider, Näherinnen und Ordenspriester sowie gegen Fieber und Hagel.

> Hitze an Sankt Dominikus,
> ein strenger Winter folgen muss.

> Zu Dominik
> wachsen Rüben dick.

> Je mehr Dominikus schürt,
> umso mehr man im Winter friert.

> Wenn's heiß ist an Dominikus,
> ein harter Winter folgen muss.

> Ist's an Dominik sehr heiß,
> wird der Winter lang und weiß.

> Ist's heiß an Sankt Dominikus,
> der Winter mit strenger Kälte kommen muss.

> Je mehr Dominikus schürt,
> je länger man im Winter friert.

> Bei Hitze an Sankt Dominikus
> ein strenger Winter kommen muss.

5. August: Mariä Schnee

An diesem Tag wird der Weihe der römischen Basilika Santa Maria Maggiore gedacht. Nach der Überlieferung soll sie der römische Bischof Liberius (4. Jh.–366) an einem durch ein Schneewunder angezeigten Ort erbaut haben. Daher trägt sie auch den Namen „Santa Maria della Neve" (Maria Schnee). Maria ist an diesem Tag Patronin der Färber, Spitzenmacher und Stickerinnen.

> Regen an Mariä Schnee,
> tut dem Korn empfindlich weh.
>
> Heut' sollt' es keinen Regen geben,
> denn wir wollen gutes Korn zum Leben.

5. August: hl. Oswald

Oswald (um 604–642) war seit 634 König von Northumbrien (England), christianisierte als solcher das Land weiter und gründete Klöster. Zahlreiche Legenden ranken sich um seine Person. Er fiel in der Schlacht von Ostwestry gegen einen heidnischen König. Die nach Mitteleuropa ausgesandten Missionare aus England verbreiteten sein Andenken. Besondere Verehrung erfuhr Oswald im süddeutsch-österreichischen Raum. Er ist Patron des Viehs; der Schnitter sowie gegen die Pest.

> Zu Oswald
> wachsen die Rüben bald.
>
> Oswaldtag muss trocken sein,
> sonst wird teuer Korn und Wein.
>
> Wenn's an Oswald regnet, wird teuer das Getreid'
> und wären die Berge aus Mehl bereit'.

6. August: Christi Verklärung

Von der Verklärung Jesu auf dem Berg Tabor, deren Zeugen Petrus, Johannes und Jakobus waren, berichten alle drei Synoptiker (vgl. Markus 9,2f. par.). Seit dem 4./5. Jahrhundert feiert man das Fest der Verklärung Jesu (*In Transfiguratione D. N. J. C.*) im Orient am 6. August, seit dem 9. Jahrhundert auch in Spanien. Erst 1457 übernahm Papst Calixtus III. das Fest für die gesamte westliche Kirche, um damit für einen Sieg über die Türken 1456 bei Belgrad zu danken.

> Wenn beim Berggang des Herrn die Sonne strahlt,
> golden sich der Roggen mahlt.
>
> Wenn der Herr auf Tabor steht,
> der Bauer sein Getreide mäht.

7. August: hl. Afra

Afra († um 304) wurde als Märtyrerin auf dem Lechfeld bei Augsburg enthauptet. Ansonsten sind nur Legenden über sie überliefert. Sie ist Patronin der Büßerinnen, reuigen Dirnen und armen Seelen, der Heilkräuter sowie bei Feuersnot.

> Für den Bauer ungelegen
> ist St. Afratag mit Regen.
>
> An St. Afra Regen fällt,
> den Bauern es noch lange quält.

8. August: hl. Cyriakus

Das Leben von Cyriakus († 304) ist – abgesehen von seinem Martyrium – historisch nicht überliefert. Nach der Legende soll er in Rom Archidiakon gewesen sein und musste jahrelang als Häftling in den römischen Lehmgruben arbeiten. Unter Diokletian wurde er gefoltert und hingerichtet. Er zählt zu den Vierzehn Nothelfern und ist Patron der Zwangsarbeiter, des Weinbaus, bei schwerer körperlicher Arbeit sowie gegen Gewitter, Versuchung und böse Geister, Besessenheit und Anfechtungen in der Todesstunde.

> An Cyriak viel Regen
> ist dem Wein kein Segen.
>
> Nach Cyriaki ist's nicht gut,
> wenn's Rebholz jetzt noch treiben tut.

10. August: hl. Laurentius

Über die Herkunft von Laurentius (Lorenz) (um 230–258) ist nichts Sicheres bekannt. Er war in Rom Archidiakon und fiel der Christenverfolgung unter Kaiser Valerian zum Opfer. Einer Legende zufolge wurde er auf einem glühenden Rost zu Tode gequält. Im deutschsprachigen Raum verbreitete sich die Laurentius-Verehrung, als Kaiser Otto I. und der hl. Ulrich [4. 7.] auf dem Lechfeld bei Augsburg die Ungarn am Laurentius-Tag des Jahres 955 besiegt hatten. Er ist Patron der Armen, Bibliothekare, Archivare, Schüler, Studenten, Köche, Bäcker, Konditoren, Bierbrauer, Wirte, Wäscherinnen, Büglerinnen, Köhler, Glasbrenner, Glasbläser, Glaser, der Feuerwehr, der Weinberge, für Gedeihen der Weintrauben, für die armen Seelen sowie gegen Feuersbrunst, Brandwunden, Augenleiden, Hexenschuss, Ischias, Hauterkrankungen, Pest, Fieber und die Qualen des Fegefeuers.

Ist's von Petri [1. 8.] bis Lorenzi heiß,
dann bleibt der Winter lange weiß.

Wenn Lorenz und der Barthel [24. 8.] schön,
ist guter Herbst vorauszuseh'n.

Um Sankt Laurenzi Sonnenschein,
bedeutet gutes Obst und Wein.

Schöner Lorenz
macht den Herbst zum Lenz.

Ab Sankt Laurentius
man pflügen muss.

Rüben gesät an Lorenz
geben bloß no Schwänz.

Laurentius heiter und gut,
einen schönen Herbst verheißen tut.

Ist's hell an St. Laurenzentag,
viel Früchte man sich versprechen mag.

Lorenz im Sonnenschein –
wird der Herbst gesegnet sein.

Nach Laurenzi ist's nicht gut,
wenn's Rebenholz noch treiben tut.

An Laurenzi ist es Brauch,
hört das Holz zu wachsen auf.

Sankt Lorenz kommt in finstrer Nacht
ganz sicher mit Sternschnuppenpracht.

August

Öffnet Laurentius die Wolkenschleuse,
gibt's auf den Feldern keine Mäuse.

Schlechten Wein gibt's heuer,
wenn Sankt Lorenz ohne Feuer.

Sankt Lorenz mit heißem Hauch,
füllt dem Winzer Fass und Schlauch.

Ist der Lorenz gut und fein
wird es auch die Traube sein.

Laurentius heiter und gut,
einen schönen Herbst verheißen tut.

Lorenz steht beim Bauern in Gnaden,
weil die Gewitter nicht mehr schaden.

Ist's Wetter an St. Lorenz schön,
so lässt ein guter Herbst sich sehn.

Große Hitze am Lorenzitag,
sich nie lange halten mag.

Wie Lorenz und Bartl sind,
so der Herbst –
sei's rau, sei's lind.

Sollen Trauben und Obst sich mehren,
müssen mit Lorenz die Gewitter aufhören.

Lorenz gibt dem Obst das Salz,
Bartholomäus dann das Schmalz.

Brennt zu Laurenzi dich der Stein,
wird auch gut die Ernte sein.

Sankt Laurenz setzt den Herbst
an d'Grenz',
Sankt Barthlomä [24. 8.] bringt ihn her.

Nach Lorenz' Ehr
wächst 's Holz nicht mehr.

Ist's hell um den Laurenzitag,
viel Frücht' man sich versprechen mag;
jedoch schlechten Wein gibt's heuer,
wenn Sankt Lorenz ohne Feuer.

Kommt Laurentius daher,
wächst das Holz nicht mehr.

Ist Lorenz und auch Bartl schön,
wird der Herbst gar gut ausgeh'n.

Laurentius im Sonnenschein,
wird der Herbst gesegnet sein.

Regnet's am St.-Laurenz-Tag,
gibt es große Mäuseplag.

Große Kält' am Antonitag [17. 1.],
große Hitz' am Lorenzitag.

176

12. August: hl. Klara

Klara (1194–1253) war adeliger Herkunft. Franz von Assisi gewann sie für das Armutsideal. In der Folge gründete sie mit weiteren Gefährtinnen die später Klarissen genannte Ordensgemeinschaft. Sie wurde bereits zwei Jahre nach ihrem Tod heiliggesprochen. Nach der Kalenderreform von 1969/70 ist der 11. August ihr Gedenktag. Sie ist Patronin der Wäscherinnen, Stickerinnen, Glaser, Glasmaler und Vergolder; der Blinden, der Telegrafen, Telefone und des Fernsehens sowie gegen Fieber und Augenleiden, bei schwerer Geburt sowie für gutes Wetter.

>Wie Sankt Klara ist bestellt,
>zumeist sich der Herbst verhält.

13. August: hl. Hippolyt

Hippolyt (um 170–235) war ein Schüler des Irenäus von Lyon und ließ sich zu dessen Gegenbischof wählen. Bei der Christenverfolgung 235 unter Kaiser Maximinus Thrax wurde er nach Sardinien verbannt und erlag den Strapazen der Zwangsarbeit in einem Steinbruch. Er ist Patron der Pferde und gegen Körperschwäche.

>Regnet es an Hippolyt,
>einige Tage lang es schütt'.

>Wie das Wetter am Hippolyt,
>so es mehrere Tage geschieht.

13. August: hl. Kassian

Kassian (Cassianus) († um 304) war der Legende nach der erste Bischof von Sabiona, dem späteren Säben in Südtirol. Von dort vertrieben, soll er in Bayern das Evangelium verkündet haben. Cassianus wird aber auch als Bischof von Imola überliefert. Er ist der Patron der Lehrer, Erzieher und Stenografen sowie in Bedrängnis.

Wie das Wetter an Kassian,
hält es mehrere Tage an.

Das Wetter von Sankt Kassian,
hält bis zum Frauentage [15. 8.] an.

Wie das Wetter am Kassian,
hält es mehrere Tage an.

15. August: Mariä Himmelfahrt

Das Hochfest Mariä Aufnahme in den Himmel (*In Assumptione B. M. V.*), auch „Hoher Frauentag" genannt, feiert man seit 450 in der Ostkirche, für den Westen ist es seit dem 7. Jahrhundert bezeugt. 1950 wurde die leibliche Aufnahme Mariens in den Himmel von Papst Pius XII. zum Dogma erhoben. Maria ist an diesem Tag Patronin der Färber, Gerber, Sattler und Kinder sowie in jeglicher Not.

Schön Wetter zu Mariä
Himmelfahrt,
verheißt uns Wein von bester
Art.

Mariä Himmelfahrt klar
Sonnenschein,
bringt meistens gern viel
guten Wein.

Leuchten auf Mariä
Himmelfahrt die Sterne,
dann hält sich das Wetter
gerne.

Wie das Wetter am
Himmelfahrtstag,
so der ganze Herbst
sein mag.

Wer Rüben will,
recht gut und zart,
sä' sie an Mariä
Himmelfahrt.

Um Mariä Himmelfahrt,
das wisse,
gibt es schon die ersten Nüsse.

Scheint an Mariä Himmelfahrt
die Sonne hell nach ihrer Art,
so freuen sich des Winzers Reben,
um einen guten Trunk zu geben.

Scheint die Sonne hell und zart
an Mariä Himmelfahrt,
so soll's guten Wein bedeuten,
was erwünscht bei allen Leuten.

Scheint die Sonn nach ihrer Art
an unserer Frauen Himmelfahrt,
ist's ein gut' Zeichen bei den
Leuten,
wird viel guten Wein
bedeuten.

Hat Maria gut Wetter, wenn sie
zum Himmel fährt,
sie schöne Tag beschert.

Wie das Wetter am
Himmelfahrtstag,
so es noch zwei Wochen
bleiben mag.

Scheint die Sonne hell und zart
an Mariä Himmelfahrt,
wird es schönen Herbst
bedeuten.
Sagt es allen Leuten.

16. August: hl. Joachim

Joachim war der Überlieferung nach der Vater der hl. Maria. Über sein Leben berichten nur Legenden. Bei der Kalenderreform 1969/70 wurde sein Gedenktag mit dem seiner Ehefrau, der hl, Anna, zusammengelegt (26. Juli). Er ist der Patron der Schreiner, Gerber und Leinenhändler.

Wenn es an Joachim regnet.
dann folgt ein warmer Winter.

16. August: hl. Rochus

Rochus (um 1295–1327) stammte aus Montpellier. Nach dem Tod seiner Eltern pilgerte er nach Rom und heilte auf dem Weg dorthin viele Pestkranke durch das Spenden des Kreuzzeichens. Auf der Rückreise erkrankte er selber an der Pest und verstarb in Piacenza. Er zählt daher zu den Pestheiligen. Er ist der Patron der Gefangenen, Kranken, Kranken- und Siechenhäuser; der Ärzte, Chirurgen, Apotheker, Bauern, Gärtner, Schreiner, Pflasterer, Bürstenbinder, Totengräber und Kunsthändler, des Viehs, gegen Pest und Cholera, Seuchen, Tollwut, Fuß-, Bein- und Knieleiden sowie Unglücksfälle.

Wenn Sankt Rochus trübe schaut,
kommen Raupen in das Kraut.

18. August: hl. Agapitus

Agapitus († um 274) wurde Berichten zufolge als 15-jähriger unter Kaiser Aurelian enthauptet. Er ist Patron der schwangeren Frauen und kranken Kinder sowie gegen Leibschmerzen und Koliken.

> Holz, zu Agapitustag geschlagen,
> fault nicht bis zum Jüngsten Tag.

19. August: hl. Sebaldus

Sebaldus († vor 1072) war angeblich ein dänischer Königssohn, der in Nürnberg als Einsiedler lebte und nach Legendberichten Wunder vollbrachte.

> Regnet's an Sankt Sebald,
> nahet teure Zeit sehr bald.

19. August: hl. Ludwig von Toulouse

Ludwig (1284–1297) war der Sohn König Karls II. von Neapel, trat in den Franziskanerorden ein und wurde Bischof von Toulouse.

> Wenn im März die Veilchen blüh'n,
> an Ludwig schon die Schwalben zieh'n.

20. August: hl. Bernhard

Bernhard von Clairvaux (1090–1153) stammte aus einer adeligen Familie in Burgund und trat 1112 in das Reformkloster Cîteaux ein. 1115 wurde er mit zwölf Mönchen nach Clairvaux gesandt, um dort ein neues Kloster zu gründen, dessen Abt er wurde. Von hier aus gründete er 69 weitere Klöster (Zisterzienser). Bernhard war ein begabter Prediger. Er ist Patron der Imker, Wachszieher und Barkeeper, der Bienen, gegen Kinderkrankheiten, Besessenheit (Dämonie) und Tierseuchen, bei Gewitter und Unwetter sowie in der Todesstunde.

> Wie Sankt Bernhard ist,
> der September misst.
>
> Sankt Bernhard schön –
> guter Herbst vorauszuseh'n.

21. August: hl. Balduin

Balduin von Rieti († 1140) war der Lieblingsschüler von Bernhard von Clairvaux und wurde Abt des Zisterzienserklosters S. Matteo am See von Montecchio bei Rieti. Sein eigentlicher Gedenktag ist der 24. Juli, am 21. August bei den Zisterziensern.

> Ist St. Balduin am Ort,
> zieh'n die ersten Vögel fort.
>
> Um Sankt Balduin
> die ersten Vögel südwärts zieh'n.

24. August: hl. Apostel Bartholomäus (Barteltag)

Bartholomäus (oder Nathanael nach Johannes 1,45–50) gehörte zu den zwölf Aposteln. Der bis ins 2. Jahrhundert zurückreichenden Überlieferung zufolge wirkte Bartholomäus als Wanderprediger in Armenien, Indien und Mesopotamien, wo er als Märtyrer starb. Seit 1238 wird seine Hirnschale im Bartholomäus-Dom in Frankfurt/Main aufbewahrt. Er ist Patron der Fischer, Bergleute, Gipser, Bauern, Winzer, Hirten, Lederarbeiter, Gerber, Sattler, Schuhmacher, Schneider, Bäcker, Metzger, Buchbinder und (in Florenz) der Öl- und Käsehändler sowie gegen Haut- und Nervenkrankheiten, Zuckungen, Dämonen und Geister.

> Wie es an Sankt Bartholomei Tag wittert,
> so soll es den ganzen Herbst durch wittern.

> Kommt Sankt Bartholomä
> wird den Vögeln angst und weh.

> Bartholomä
> bringt Läus und Flöh.

August

Gewitter an Bartholomä
bringen Hagel und Schnee.

Bartholomä
schütt' kalt Wasser in den See.

Wenn der Bartlime schön isch,
so wärde d'Brombeeri über all'
Bärge ryf.

Bartholomä –
Herbst in der Näh.

Gewitter nach Bartholomäus
bringt Schaden und keinen
Genuss.

Bartholomä kennt niemals Not,
der Bauer backt schon neues Brot.

Bartholomäus
pflückt die Nuss.

Gewitter um Bartholomä
bringen Hagel gern und Schnee.

Bartholomä hat's Wetter parat
für den Herbst bis zur Saat.

Bleiben die Störche nach
St. Bartholomä,
so kommt ein Winter, der tut
nicht weh.

Zu Sankt Bartholomä
Winterroggen sä'.

Bartholomä
treibt's Kraut in d'Höh.

Bartholomä voll
Sonnenglut,
macht Wein und Reben stark
und gut.

Wie der Bartholomäitag sich
hält,
so sich der ganze Herbst
bestellt.

Ist St. Bartholomäus schön,
ist guter Herbst vorauszuseh'n.

Bleiben Störche und Reiher über
Bartholomä,
dann kommt ein Winter, der tut
nicht weh.

Bartholomä Regen –
Kartoffelsegen.

Wenn's Bartholomä regnet,
wird die Kartoffel gesegnet.

Liegt Reif um den Bartheltag
offen,
kannst du dir warmen Herbst
erhoffen.

Regen an Bartholomä
tut den Reben bitter weh.

Gewitter an Bartholomä –
schädlich für Raps und Klee.

Ist Lorenz [10. 8.] und Bartel
schön,
bleiben die Kräuter lange noch
steh'n.

Sankt Klemens [23. 11.] uns den
Winter bringt,
Sankt Petri Stuhl [21. 2.] dem
Frühling winkt,
den Sommer bringet Sankt
Urban [25. 5.],
der Herbst fängt um Sankt
Barthel an.

Wie sich das Wetter am
Bartheltag stellt ein,
so soll's den ganzen September
sein.

Wie Lorenz [10.8.] und Barthel
sind,
wird der Winter – rau oder lind.

Zu Bartholomä
liegt's Grummet auf dem
Heu.

So das Wetter zu
Bartholomäus ist,
daran sich der Winter misst.

An Gregor [12. 3.] kommt die Schwalbe über des Meeres Port –
und an Bartholomäus ist sie dann wieder fort.

25. August: hl. Ludwig IX.

König Ludwig IX. von Frankreich (1214–1270) war einer der hervorragenden Herrscherpersönlichkeiten seiner Epoche. Er war tief religiös, demütig, geduldig und voller Mitleid für Arme und Kranke. Ludwig IX. nahm an zwei Kreuzzügen teil und starb beim zweiten an einer Seuche. Er ist Patron der Wissenschaft; der Blinden, Pilger, Reisenden, Kaufleute, Bauarbeiter, Steinhauer, Maurer, Zimmerleute, Anstreicher, Stukkateure, Tapezierer, Hufschmiede, Bürstenbinder, Weber, Buchdrucker und Buchbinder, Fischer, Bäcker, Friseure, Knopfmacher, Leinenverkäufer, Juweliere und Gerichtsdiener sowie gegen Blindheit, Gehörkrankheiten und Pest.

Ludwig sammelt allenthalben
für die Reise alle Schwalben.

An Ludwig schon die Schwalben zieh'n,
wenn im März die Veilchen blüh'n.

27. August: hl. Gebhard

Gebhard (949–995) entstammte einem Grafengeschlecht, das im heutigen Vorarlberg ansässig war, und wurde Bischof von Konstanz. Er ist Patron gegen Halsleiden sowie für glückliche und leichte Entbindung.

Um den Gebhardstag
tut's den letzten Donnerschlag.

Wie Gebhard macht sei G'sicht,
so der ganze Herbst sich richt'.

Wie's Sankt Gebhard hält,
ist der ganze Herbst bestellt.

28. August: hl. Augustinus

Augustinus (354–430) ist einer der vier großen lateinischen Kirchenlehrer. Seine Mutter war die hl. Monika. Als junger Mann führte er ein ausschweifendes Leben, ließ sich aber dann vom hl, Ambrosius taufen. Zuerst Priester wurde er 396 Bischof von Hippo (Tunesien) und verfasste zahlreiche Schriften. Er ist Patron der Theologen, Buchdrucker und Bierbrauer sowie für gute Augen.

Um die Zeit von Augustin,
geh'n die warmen Tage hin.

Um Sankt Augustin
zieh'n die letzten Wetter hin.

Nach Sankt Augustin
die Störche südwärts zieh'n.

Dem Tau ist dem August so not,
als jedermann sein täglich Brot.

29. August: Johannes' Enthauptung

An diesem Tag wird der Enthauptung Johannes des Täufers gedacht (Markus 6,19–29 und Matthäus 14,5–12). Bereits im 4. Jahrhundert wurde dieses Fest im Osten, in Afrika, in Gallien und Spanien gefeiert, in Rom ab dem 5. Jahrhundert.

> Wenn's an Johanni Enthauptung regnet,
> verderben die Nüsse.

30. August: hl. Felix von Rom

Felix (3. Jh.–um 300) stammte aus Rom, war Priester oder gar Bischof und wurde Opfer der Christenverfolgungen unter Maximian und Diokletian. Die Legende berichtet, dass er den Götzen opfern sollte. Er brachte jedoch durch einen Atemstoß die Statue zum Einsturz und entwurzelte einen Baum. Daraufhin wurde er zum Tode verurteilt.

> Wenn Felix nicht glückhaft,
> der Michel [29. 9.] keinen sWein schafft.

> Bischof Felix zeiget an,
> was wir 40 Tag' für Wetter han.

> Felix an seinem Tag
> die Wetter fortjag'.

31. August: hl. Raimund

Raimundus Nonnatus (um 1200–1240) trat dem Mercedarierorden bei, der sich dem Loskauf der Sklaven widmete. Es gibt nur wenige gesicherte Quellen zu ihm. Er ist Patron der Schwangeren, Ammen und Kinder, der unschuldig Angeklagten sowie für eine glückliche Entbindung und gegen Wochenbettfieber.

> Sankt Raimund treibt die Wetter aus.

*Einer Reb' und einer Geiß
ist's im September nie zu heiß.*

September

Herbstmonat, Scheiding, Obstmond, Holzmonat

September, der neunte Monat mit 30 Tagen, war nach dem altrömischen Kalender der siebente Monat, seinem Namen leitet sich von lat. *septem* (sieben) ab. Die von Kaiser Karl I. dem Großen gewählte Bezeichnung Witumanoth (Holzmonat) wird hergeleitet von Witu, was Holz oder Wald bedeutet, da um diese Zeit in den Wäldern das Winterholz geschlagen wird. Auf den 22. oder 23. September fällt der Herbstanfang, daher auch der Name Herbstmonat; an diesen Tagen sind Tag und Nacht gleich lang.

Im bäuerlichen Arbeitsjahr brachte man im September das zweite Heu – auch Emd genannt – in die Scheunen. Auf dem Feld wurde der Winterroggen angebaut. Der große Viehabtrieb von den Almen war ein feierliches Ereignis: Man freute sich über die gut genährten Tiere und feierte Erntedank. Der getrocknete Flachs wurde zur „Röste" auf Wiesen und Stoppelfeldern ausgebreitet. Im Bauerngarten konnten Spätkartoffeln und -möhren geerntet werden. Äpfel und Birnen waren jetzt reif, ebenso Holunderbeeren. War es ein ertragreiches Jahr, so begann jetzt für die Bauern die schönste Zeit: Alle Früchte waren geerntet, die Scheunen waren mit Futter für die Tiere, die Kisten mit Getreide, die Vorratskammern mit Obst und Gemüse gefüllt, und das Vieh kam gesund zurück auf den Hof.

Ab Mitte September: Altweibersommer

Gemeint ist mit dem Begriff „Altweibersommer" allerdingsr kein Sommerwetter für ältere Damen. Der Ursprung dieser Bezeichnung führt weit in die Vergangenheit, in die germanische Mythologie. Mit „weiben" wurde im Althochdeutschen das Knüpfen von Spinnweben bezeichnet. Denn an Septembertagen mit sonnigem Wetter kühlt es sich in den klaren Nächten stark ab, so dass in den Morgenstunden durch den Tau die Spinnweben deutlich zu erkennen sind. Diese Spinnennetze zwischen Gräsern, Blumen, Zweigen, Büschen, an Dachrinnen und Fensterläden, an Zäunen und Mauern entdeckt man vor allem an den ungewöhnlich warmen und sonnigen Tage im Herbst, die man auch „Flugsommer" oder „Frauensommer" nennt – eine Schönwetterperiode im September.

Von Mitte bis Ende September gibt es fast jedes Jahr eine der schönsten und beständigsten Hochdruckwetterlagen über Mitteleuropa. Ursache ist ein Festlandshoch über Osteuropa, das trockenkontinentale Luft nach Mitteleuropa einströmen lässt. Typisch sind auch die morgendlichen Nebelfelder in den Flussniederungen, die sich durch die noch ausreichend starke Sonneneinstrahlung vormittags auflösen. Dieses schöne Hochdruckwetter kann von mehreren Tagen bis Wochen dauern, ja selbst noch bis in die ersten Oktobertage hinein. In Wetterstatistiken ist diese Schönwetterperiode seit ca. 200 Jahren nachweisbar.

Bleiben die Schwalben im September lange,
sei vor dem Winter nicht bange.

Septemberrosen im Garten
lassen den Winter noch warten.

Je mehr großköpfige Disteln im September sein,
umso besser gerät der Wein.

Im September viel Schleh',
im Dezember viel Schnee.

Ist im September recht rau der Hase,
friert er bald an die Nase.

Septemberwetter warm und klar,
verheißt ein gutes nächstes Jahr.

Donner zur Septemberzeit,
prophezeit viel Schnee zur Weihnachtszeit.

Ist jetzt die Krähe nicht mehr weit,
ist's zum Säen höchste Zeit.

Gibt es viele Eicheln im September,
fällt viel Schnee im Dezember.

Ist im September das Wetter hell,
so bringt es Wind und Wetter schnell.

Siehst im September fremde Wandervögel,
so wird's sehr kalt nach alter Regel.

Septembersaat
gibt dicke Mahd.

Treffen im September die Strichvögel[15] ein,
wird früh und streng der Winter sein.

Wenn dir im September Gewitter dräuen,
magst nächstes Jahr am Obst dich freuen.

Wenn im September die Grillen noch singen,
wird der Bauer reichlich Korn einbringen.

Wenn der September noch donnern kann,
dann setzen die Bäume viele Blüten an.

September schön in den ersten Tagen,
will den ganzen Herbst ansagen.

Wettert's im September noch,
liegt im März der Schnee noch hoch.

---

15 Zu Strichvögeln zählt man jene heimischen Vogelarten, die im Winter ihr Brutgebiet verlassen, jedoch nicht wie Zugvögel weit nach Süden fliegen, sondern in denselben Breiten bleiben. Sie wechseln „Landstrich" und suchen etwas wärmere Regionen auf, wie auch menschliche Siedlungen. Zu den Strichvögeln zählen in Europa zum Beispiel Finken, oder die Goldammer.

September

Ist der September reich an Regen,
gereicht das Nass der Saat zum Segen.

Septemberwärme dann und wann
zeigt einen strengen Winter an.

Wenn im September noch Donnerwetter
steigen,
so soll es ein fruchtbares Jahr
anzeigen.

Nach heftigen September-Gewittern
wird man im Hornung vor Kälte zittern.

Wenn im September viele Spinnen
kriechen,
sie dann einen harten Winter
riechen.

Durch Septembers heit'ren Blick,
schaut manchmal der Mai zurück.

Schaffst du im September nichts in den
Keller,
blickst du im Winter auf leere
Teller.

Hat's im September viele Eicheln,
wird der Winter streng uns streicheln.

Was Juli und August am Wein nicht
vermocht,
wird auch vom September nicht
gargekocht.

Nie hat der September zu braten
vermocht,
was der August nicht vorher
gekocht.

Septemberdonner hat die Kraft,
dass er viel Getreide schafft.

Fällt im Wald das Laub sehr schnell,
ist der Winter bald zur Stell.

Warme Septembernächte bringen
Herrenwein –
bei kalten Nächten wird er
sauer sein.

Wie im September der Neumond tritt
ein,
wird das Wetter den Herbst durch
sein.

Viel Nebel im September über Höh' und
Tal,
bringen im Winter Schnee ohne
Zahl.

Warmer und trockener
Septembermond,
mit guten Früchten reichlich belohnt.

Donnert's im September noch,
liegt der Schnee um Weihnacht hoch.

Scharren sich im September die
Mäuse tief ein,
wird ein harter Winter sein.

Im September viel Regen,
der Winter kaum verwegen.

Auf Schwalb' und Eichhorn
achte bald,
sind sie verschwunden, wird's
schnell kalt.

Septembergold –
ist dem Weine hold.

Im September schwitzen,
im Dezember sitzen.

Ein warmer September
ist des Jahres Spender.

Septemberregen –
kommt Saaten und Vieh gelegen.

Zieh'n im September die wilden Gänse weg,
fällt der Altweibersommer in den Dreck.

Frische Septemberluft
den Jäger zum Jagen ruft.

Am Septemberregen
ist dem Bauer viel gelegen.

Wenn Septemberregen den Winzer trifft,
wird der Wein so schlecht wie Gift.

Im September große Ameisenhügel –
strafft der Winter schon die Zügel!

Wie der Basilius [14. 6.],
so der September.

Im September die Birnen fest am Stiel,
bringt der Winter Kälte viel.

Lostage im September

1. September: hl. Aegidius

Aegidius (Ägidius, Gil, Til) (7. Jh.–720) wurde vermutlich in Athen geboren und kam als Pilger in die Gegend von Arles (Frankreich). Die Legende berichtet, dass er dort als Einsiedler lebte und von einer Hirschkuh mit deren Milch versorgt wurde. Der König wollte diese erjagen, sein Pfeil traf aber Ägidius. Als Sühne erbaute er ihm an dieser Stelle ein Kloster. Aegidius ist einer der Vierzehn Nothelfer und Patron der stillenden Mütter, Hirten, Jäger, Schiffbrüchigen, Bogenschützen, Bettler und Aussätzigen, des Holzes, des Waldes und des Viehs, bei Feuer, Dürre, Sturm und Unglück, bei der Beichte; in geistiger Not und Verlassenheit sowie gegen Fallsucht (Epilepsie), Lähmungen, Lepra, Pest, Ohrenleiden, Geisteskrankheiten, Unfruchtbarkeit von Mensch und Tier.

Ist Ägidi ein heller Tag,
ich dir schönen Herbst ansag'.

Wenn St. Aegidius bläst in sein Horn,
so heißt es: Bauer, säe dein Korn!

Ist's am 1. September hübsch und rein,
wird's den ganzen Monat so sein.

Sankt Ägidi Sonnenschein –
vier Wochen hell und rein.

Wie das Wetter an Aegidius,
es vier Wochen bleiben muss.

Septemberanfang mit feinem Regen
kommt allzeit dem Bauern gelegen.

Ist es an Ägidi rein,
wird es so bis Michel [29. 9.] sein.

Schön' Wetter hat noch auf vier Wochen
Ägidius Sonnenschein versprochen.

Ist's an Ägidi klar und hell,
so reift der Weinstock schnell.

Ägidius Regen
kommt ungelegen.

Säe Korn Aegidi; Hafer, Gerste
Benedikti [21. 3.],
und Flachs Urbani [25. 5.];
Rüben, Wicken Kiliani [8. 7.];
Erbsen Gregorii [12. 3.];
Linsen Jakobi Minoris [1. 5.].

Willst du Korn im Überfluss,
sä' es an Aegidius;
wenn du's säst ins freie
Land
vor und nach des Neumonds
Stand,
wächst kein Unkraut und kein
Brand.

Wie der Hirsch Ägidius in die
Brunstzeit gehen muss,
wird er zu Michei [29. 9.]
davon wieder frei.

Wer Korn schon um Ägidi sät,
nächstes Jahr viel Frucht
abmäht.

Säst du Korn am Ägidientag,
es dir wohl geraten mag.

Gib auf Ägidius Acht,
er sagt dir, was September macht.

1. September: hl. Verena

Verena (um 250–um 344) kam nach dem Martyrium von Teilen der sog. Thebäischen Legion in die heutige Nordschweiz und missionierte die dort ansässigen Alemannen. Nach ihrem Tod wurden bald über ihrem Grab eine Kirche und ein Kloster errichtet. Sie ist Patronin der Armen und Notleidenden, Pfarrhaushälterinnen, Müller, Fischer und Schiffer sowie für Kindersegen.

D'Sant Vre soll vormittags im nasse Rock gah
und z'mittag wieder troche stah.

Kommt Vreneli mit dem Krüglein an,
zeigt einen nassen Herbst dies an.

Ist Sankt Verena ein heiterer Tag,
guter Herbst stets folgen mag.

4. September: hl. Rosalia

Rosalia (auch Rusalia) (um 1130–1170) stammte aus Palermo, war am Königshof und wurde Nonne, um diesem zu entfliehen. Später zog sie sich als Einsiedlerin in eine Grotte in der Nähe von Palermo zurück. Sie ist Patronin gegen die Pest und wurde als solche bekannt und verehrt.

> Zu Sankt Veit [15. 6.]
> geht's auf die Weid',
> Sankt Rosal'
> treibt's Vieh ins Tal.

5. September: hl. Laurentius Justinianus

Laurentius Justinianus (Lorenzo Guistiniani) (1381–1455) wurde 1451 der erste Patriarch von Venedig. Überliefert ist sein asketischer und einfacher Lebensstil. Nach der Kalenderreform 1969/70 ist der 8. Januar sein Gedenktag.

> Lorenz im Sonnenschein,
> wird der Herbst gesegnet sein

6. September: hl. Magnus

Magnus (Maginold, Mang) (um 699–772) war alemannischer oder rätoromanischer Abkunft und lebte zuerst bis um 730 am Grab des hl. Gallus (St. Gallen). Danach missionierte er die Gegend um Füssen im Allgäu. Er ist Patron für das Vieh sowie gegen Augenleiden, Schlangenbiss, Würmer, Ratten, Mäuse und Feldungeziefer.

> Der Sankt Mang,
> macht's Emd[16] nüm lang.

> Wie das Wetter am Magnustag,
> es vier Wochen bleiben mag.

---

16 Zweiter Schnitt des Heus.

> An Sankt Mang
> sät der Bauer den ersten Strang.
>
> Sankt Mang
> schlägt's Kraut mit der Stang.

7. September: hl. Regina

Regina (3. Jh.–um 300) wurde in Alesia, dem heutigen Alise-Sainte-Reine in Nordostfrankreich, geboren und der Legende nach enthauptet. Seit ungefähr dem Jahr 600 ist ihr Kult nachweisbar. Sie ist Patronin der Zimmerleute sowie gegen Krätze, Räude und Geschlechtskrankheiten.

> Ist Regina warm und wonnig,
> bleibt das Wetter lange sonnig.

8. September: Mariä Geburt

Die Ostkirche kannte schon im 6. Jh. dieses Fest, im Westen wurde es durch Papst Sergius I. (687–701) eingeführt. Im 10./11. Jh. breitete sich das Fest in der gesamten Kirche aus.

> Mariä gebor'n,
> Bauer, säe dein Korn.

> Wird Mariä Geburt gesät,
> ist's nicht zu früh und nicht zu spät.

> Wie sich's Wetter an Mariä Geburt tut halten,
> so soll es sich weiter vier Wochen gestalten.

> Wenn Maria, die Jungfrau, geboren ist,
> so säe dein Korn; es ist die rechte Frist.

> Wenn's zu Mariä Geburt nicht regnet,
> bleibt des Bauern Tisch gesegnet.

Mariä Geburt
bringt d'Birn in d'Hurd.

Mariä Geburt
gheit d'Same furt.

Mariä Geburt
jagt d'Schwalben furt;
bleiben sie da,
ist der Winter nicht nah.

9. September: hl. Gorgonius

Gorgonius († um 304) war unter Kaiser Diokletian Märtyrer in Rom. Er wurde schon im Jahr 354 mit einem Fest verehrt.

Bringt Sankt Gorgon Regen,
folgt ein Herbst mit wenig Segen.

Bringt Sankt Gorgon Regen,
folgt ein Herbst mit bösen Wegen.

Regnet's am Sankt Gorgons Tag,
geht die Ernte verloren bis auf den Sack.

Regnet es an Sankt Gorgon,
ist der Oktober ein Dämon.

St. Gorgon
treibt die Lerchen davon.

Ist es an Sankt Gorgon schön,
wird man vierzig schöne Tage sehn.

11. September: hl. Protus

Protus († um 265 oder um 305) erlitt zusammen mit Hyazinthus unter Kaiser Gallienus oder unter Kaiser Diokletian den Märtyrertod. Ansonsten gibt es über ihn keine sicheren Berichte.

> Wenn's an Protus nicht nässt,
> ein dürrer Herbst sich sehen lässt.

> Steigt heut' die Sonne feurig auf,
> folgt bald Regenwetter d'rauf.

12. September: Mariä Namen

Seit dem 16. Jh. ist ein Fest zu Ehren des Namens Maria bekannt, jedoch wurde es erst für die ganze Kirche nach der Befreiung Wiens von den Türken am 12. September 1683 eingeführt. Im Zuge der Kalenderreform 1969/70 wurde das Fest zuerst gestrichen, jedoch für den deutschen Sprachraum beibehalten. Seit 2002 ist der Gedenktag auch wieder im Römischen Kalender vorgesehen.

> An Mariä Namen
> sagt der Sommer Amen.

> An Mariä Namen
> kommen die Schwalben zusammen.

13. September: Tobias

Tobias ist die legendenhafte Hauptperson im gleichnamigen Buch des Alten Testamentes, der vom Erzengel Raphael beschützt und begleitet wird. Tobias ist der Patron der Totengräber, der Pilger und Reisenden sowie gegen Augenleiden.

> Um Tobias, wisse,
> gibt' die ersten Nüsse.

13. September: hl. Notburga

Notburga (um 1265–1313) wurde in Rattenberg (Tirol) als Tochter eines Hutmachers geboren und war Magd auf der Rottenburg in Buch in Tirol. In dieser Stellung hat sie übrig gebliebene Lebensmittel an die Armen verteilt. Sie wird in Tirol und im angrenzenden Alpenraum sehr verehrt. Im deutschsprachigen Raum ist der 13. September, offiziell jedoch der 14. September ihr Gedenktag. Sie ist Patronin der Bauern, Dienstmägde und der Armen, der Trachten- und Heimatverbände, der Arbeitsruhe und des Feierabends, für eine glückliche Geburt sowie bei Viehkrankheiten und allen Nöten der Landwirtschaft.

>Notburga-Sonne –
>Bauern-Wonne.

14. September: Kreuzerhöhung

Die Grabeskirche in Jerusalem wurde am 13. September 335 eingeweiht, und am 14. September erfolgte die Verehrung des hl. Kreuzes, das dem Volk gezeigt wurde (*exaltatio crucis* – Kreuzerhöhung). Von Jerusalem aus gelangten Kreuzpartikel auch ins Abendland und wurden als kostbare Reliquien verehrt. Das Fest ist in Jerusalem seit dem 4. Jahrhundert bezeugt und wird in Rom seit dem 7. Jahrhundert gefeiert.

>Ist's hell am Kreuzerhöhungstag,
>so folgt ein strenger Winter nach.

>Am Kreuzerhöhungstag
>treibt man's Vieh aus dem Hag.

>Kreuzerhöhung hell
>folgt der Winter schnell.

15. September: Mariä Schmerzen (Siebenschmerzenfest, Maria Dolores)

Gedächtnis der sieben Schmerzen Mariens. Der *Mater Dolorosa*, der „Schmerzensmutter", wurde im 13. Jahrhundert das Lied *Stabat Mater*, „Christi Mutter stand mit Schmerzen", gewidmet. Papst Pius VII. führte 1814 den Gedenktag für die gesamte Kirche ein. Durch Pius X. wurde der Gedenktag 1913 auf den 15. September gelegt. Davor war er jeweils am dritten Sonntag im September. Bis zur Kalenderreform 1969/70 wurde das „Fest der Sieben Schmerzen der allerseligsten Jungfrau Maria" in der Hauptsache auch am Freitag vor dem Palmsonntag (sog. „Schmerzensfreitag") begangen.

Wenn Maria lacht,
folgt ein Herbst in Pracht.

16. September: hll. Cornelius und Cyprian

Cornelius (um 200–253) wurde 251 zum Bischof von Rom gewählt. Während einer Christenverfolgung wurde er 253 aus Rom nach Centrum Cellae (Civitavecchia) verbannt und starb dort. Er ist der Patron der Bauern; des Rindviehs, gegen Epilepsie (Kornelkrankheit), Krämpfe, Nerven- und Ohrenleiden sowie der Liebenden.

Cyprian von Karthago (um 200–258) war ein bedeutender Kirchenschriftsteller und wurde zum Bischof von Karthago gewählt. Er erlitt das Martyrium bei der Christenverfolgung unter Kaiser Valerian. Er ist Patron gegen die Pest.

Um Cornelius und Cyprian
fangen die langen Nächte an.

An Sankt Cyprian
zieht man oft schon Handschuh' an.

16. September: hl. Ludmilla

Ludmilla (um 860–921) war die Gemahlin des ersten christlichen Herzogs von Böhmen, Bořivoj I. aus der Dynastie der Přemysliden. Sie wurde auf Geheiß ihrer heidnischen Schwiegertochter erdrosselt und ist Patronin der Erzieher und Mütter.

> Sankt Ludmilla, das fromme Kind,
> bringt gern Regen mit und Wind.

> Ludmilla will nicht artig sein,
> bringt viel Wind und Regen rein.

17. September: hl. Lambert

Lambert (um 635–um 705) war Bischof von Maastricht und wurde ermordet. Nach seinem Tod wurde das Bistum nach Lüttich verlegt. Er wird besonders im Rheinland sowie im Münsterland verehrt. Er ist Patron der Bauern, Chirurgen, Bandagisten und Zahnärzte sowie bei Nierenleiden.

> Ist's an Lambert schön und klar,
> kommt ein trockenes Frühjahr.

> Trocken wird das Frühjahr sein,
> ist Lamberti klar und rein.

> Lamberti nimm Kartoffeln raus,
> doch breit' ihr Kraut am Felde aus;
> der Boden will für seine Gaben
> doch ihr Gerippe wieder haben.

> Auf Lambert hell und klar,
> folgt ein trocken Jahr.

> Bringt Lambertus Regen,
> folgt ein Herbst mit wenig Segen.

17. September: hl. Hildegard

Hildegard von Bingen (1098–1179) war eine der herausragenden Frauen des deutschen Mittelalters. Sie war Naturwissenschaftlerin, Ärztin, Mystikerin, Dichterin und Komponistin. 1147 gründete sie ein Kloster bei Bingen, später ein weiteres bei Rüdesheim. Sie wurde bereits zu Lebzeiten wie eine Heilige verehrt. Sie ist Patronin der Esperantisten, Sprachforscher und Naturwissenschaftler.

> Hildegard, die heilige Frau,
> kündigt an den Herbst genau.

20. September: hl. Eustachius

Über Eustachius († um 118) gibt es keine gesicherten Berichte nur Legenden. Er zählt zu den Vierzehn Nothelfern und ist Patron der Förster, Jäger, Tuchhändler, Krämer und Klempner, bei traurigen Familienschicksalen sowie gegen schädliche Insekten.

> Wenn Eustachius weint statt lacht,
> Essig aus dem Wein er macht.

> Trocken wird das Frühjahr sein,
> wenn Sankt Eustach klar und rein.

21. September: hl. Apostel und Evangelist Matthäus

Über den Zöllner Matthäus, dem die Überlieferung die Abfassung des ersten Evangeliums zuschreibt, ist nicht viel bekannt. Die griechische und lateinische Kirche verehrt Matthäus als Märtyrer, wobei Ort, Zeit und Art seines Todes unklar sind. Als Evangelist wird Matthäus mit einem Menschen oder Engel als Symbol dargestellt. Er ist Patron der Bankangestellten, Finanz-, Steuer- und Zollbeamten, Wechsler und Buchhalter, gegen Trunksucht, gegen unheilbare Krankheiten sowie für den Milchfluss bei Frauen.

Wenn Matthäus weint statt lacht,
Essig aus dem Wein er macht.

Tritt Matthäus stürmisch ein,
wird's bis Ostern Winter sein.

Tritt Matthäus stürmisch ein,
wird's ein kalter Winter sein.

Hat Matthäus schön Wetter im
Haus,
so hält es noch vier Wochen
aus.

Tritt Matthäus ein,
soll die Saat vollendet sein.

An Mattheis
Kastanien fallen haufenweis.

Nach dem Matthäustag
nicht viel nach schönen Tagen
frag'.

Ist an Matthäus Sonnenschein,
gibt es nächstes Jahr viel Wein.

Wie's der Matthies treibt,
es vier Wochen bleibt.

Sankt Matthies
macht die Birnen süß.

Die Wintersaat gar wohl gerät,
wenn man um Matthäus sät.

Matthäuswetter hell und klar –
guter Wein im nächsten Jahr.

Weinhändler auf Matthäus
achten,
des Michel [29. 9.] Wetter auch
betrachten.

Am Tage von Sankt Matthäi
die Mütze über die Ohren zieh.

Ist Matthäus hell und klar,
gute Zeiten bringt's fürwahr.

Wenn Matthäus freundlich
schaut,
man auf gutes Wetter baut.

22. September: hl. Mauritius

Mauritius (Moritz, Maurice) (3. Jh.–302?) war Ende des 3. Jahrhunderts Offizier der Thebäischen Legion. Diese bestand in der Hauptsache aus Christen, die sich weigerten, den Göttern zu opfern. Daraufhin ließ Kaiser Maximianus in Acaunum (bei Saint-Maurice im Wallis) jeden zehnten Soldaten töten. Als diese Abschreckung ohne Erfolg blieb, wiederholte er dies so lange, bis die ganze Legion ermordet war. Der Name Mauritius kommt von Maurus (aus Mauretanien stammend), woher sich wiederum der Begriff Mohr ableitet. Daher wird Mauritius (Moritz) in der bildenden Kunst oft als Schwarzer dargestellt. Er ist Patron der Soldaten, Waffen- und Messerschmiede, Kaufleute, Färber, Hutmacher, Tuchweber, Wäscher und Glasmaler, der Pferde und Weinstöcke, in Kämpfen, bei Pferdekrankheiten sowie gegen Besessenheit, Gicht und Ohrenleiden.

> Zeigt sich klar Mauritius,
> viele Stürm er bringen muss.

> Gewitter um Mauritius
> bringen Schaden und Verdruss.

> Klares Wetter an Mauritius,
> im nächsten Jahr viel Wind kommen muss.

> Ist Mauritius hell und klar,
> stürmt der Winter, das ist wahr.

> Ist das Wetter heute klar,
> toben Winde im kommenden Jahr.

23. September: hl. Thekla

Nach der legendenhaften Überlieferung soll Thekla im 1. Jahrhundert in Ikonium (heute Konya, Türkei) geboren worden und eine Schülerin des Apostels Paulus gewesen sein. Sie soll zweimal zum Tod verurteilt, jedoch auf wunderbare Weise immer wieder gerettet worden sein. Obwohl sie keinen Märtyrertod starb, wird sie als die erste Märtyrerin der Christenheit bezeichnet. Sie ist Patronin der Sterbenden, gegen Augenleiden, Pest, Schlangen, wilde Tiere, Feuersgefahren sowie für die Genesung von Mensch und Tier.

> An Thekla es passieren kann,
> man zieht schon warme Sachen an.

24. September: hl. Virgilius

Virgil(ius) (um 700–784) stammte aus Irland und war ins Salzburger Kloster St. Peter eingetreten. Nach dem Tod des hl. Rupert wurde er Bischof von Salzburg wie auch Abt von St. Peter. Er ließ auch den ersten Salzburger Dom (sog. Virgils-Dom) erbauen. Sein offizieller Gedenktag ist eigentlich der 27. November, im deutschsprachigen Raum jedoch der 24. September. Er ist der Patron der Kinder sowie in Geburtsnöten.

> Friert es auf Virgilius
> im Märzen Kälte kommen muss.

25. September: hl. Kleophas

Kleophas war einer der beiden Jünger, die Jesus auf dem Weg nach Emmaus begleiteten (Lukas 24, 18). Er wird als Heiliger verehrt.

> Nebelt's an St. Kleophas,
> wird der ganze Winter nass.

25. September: hl. Nikolaus von der Flüe

Niklaus von Flüe (1417–1487) ist der Nationalheilige der Schweiz und war einer der letzten Mystiker des Spätmittelalters. Er war zuerst Bergbauer und verheiratet, wurde aber später Einsiedler. Der eigentliche Gedenktag ist der 21. März, im deutschsprachigen Raum jedoch der 25. September.

> Nikolaus von der Flüe
> treibt vom Berg die Kühe.

> Sankt Klaus
> schickt die Stürme aus.

> Steigen Nikolaus die Nebel nieder,
> kommt der Winter mit Nässe wieder.

27. September: hll. Kosmas und Damian

Kosmas und Damian (3. Jh.–um 305) waren Zwillingsbrüder, angeblich Ärzte und stammten aus Syrien. Sie fielen in Syrien der diokletianischen Christenverfolgung zum Opfer. Seit der Kalenderreform von 1969/70 ist der 26. September ihr Gedenktag. Sie sind die Patrone der Ammen, Ärzte, Kranken, Bader, Chirurgen, Zahnärzte, Apotheker, Drogisten, Friseure, Physiker, Krämer und Zuckerbäcker, der medizinischen Fakultäten, in Seenot sowie gegen Epidemien, Geschwüre, Pest und Pferdekrankheiten.

> Sankt Kosmas und Sankt Damian
> fangen das Laub zu färben an.

> Kosmas und Damian
> zünden die Lichter an.

27. September: hl. Hiltrud

Hiltrud, auch Helmtrud, (um 790) war die Tochter eines Grafen, verweigerte die Ehe und lebte als Reklusin.

> Wenn Hiltrud im Kalender steht,
> wird noch einmal das Gras gemäht.

28. September: hl. Wenzeslaus

Wenzel oder Wenceslaus, eigentlich Vaclav (903/905–929 oder 935), der Patron Böhmens, war Sohn des christlichen Herzogs Wratislaw I. von Böhmen und Enkel der hl. Ludmilla [16. 9.]. 922 übernahm er die Regierungsgeschäfte. Er wurde von der heidnischen Opposition ermordet.

> Sankt Wenzeslaus
> treibt's Vieh ins Haus.

> So viel Fröst' vor Wenzeslaus,
> so viel fallen nach Jakobi [1. 5.] aus.

Kommt Wenzeslaus mit Regen an,
werden wir Nüsse bis Weihnachten ha'n.

Wenzeslaus –
Sommer aus.

29. September: Erzengel Michael

Ursprünglich wurden die drei Erzengel Michael, Gabriel und Rafael an verschiedenen Tagen im Kirchenjahr gefeiert, seit der Kalenderreform 1969/70 geschieht das zusammen am 29. September, bislang nur das Fest des Erzengels Michael (Weihe der römischen Michaelskirche). Der Erzengel Michael gilt als der Engel, der beim Weltgericht auftritt. Seit dem Mittelalter ist er als Patron des deutschen Volkes nachweisbar (der „deutsche Michel"). Er ist Patron der Ritter, Soldaten, Fallschirmjäger, Kaufleute, Bäcker, Waagenhersteller, Eicher, Apotheker, Sanitäter, Drechsler, Schneider, Glaser, Maler, Vergolder, Blei- und Zinngießer, Bankangestellten und Radiomechaniker, der Armen Seelen, Sterbenden und der Friedhöfe, für einen guten Tod sowie gegen Blitz und Unwetter.

Regnet's am St. Michelstag,
kommt ein milder Winter nach.

Sankt Michael und Sankt Gallus
[16. 10.] Regen –
Frühling und Sommer trocken
legen.

Michaeli Wein –
süßer Wein

Sind die Zugvögel nach Michaelis
noch hier,
haben bis Weihnachten lindes
Wetter wir.

Wenn die Vögel nicht ziehen
vor Michael furt,
so wird nicht Winter vor
Christi Geburt.

Ist's nachts vor Michael recht
hell,
kommt ein Winter kalt zur
Stell.

Wenn Michael viel Eicheln
bringt,
Weihnachten mit Schnee er
düngt.

Wintersaat, im schönen Michael
ausgestreut,
den Bauer mit reicher Ernte
erfreut.

Sind auf Michaeli die Vögel
noch da,
so ist der Winter noch nicht
sehr nah.

Soviel Reif und Schnee vor
Michaeli fällt,
solange das Eis nach Georgi
[23. 4.] hält.

Regen auf Sankt Michelstag,
gelinden Winter geben mag.

So viel Fröste vor Michaeli,
so viele vor oder nach Philipp
Jakobi [1. 5.]

Fallen die Eicheln vor Michaeli ab,
so steigt der Sommer früh ins
Grab.

Gefriert der Wein um Sankt
Michai,
so soll er auch frieren im
nächsten Mai.

St. Michaeliswein wird
Herrenwein sein,
St. Galluswein ist Bauernwein.

Wer um Michaeli bestellt die
Wintersaat,
eine reiche Ernte zu erhoffen hat.

Um Michaeli, in der Tat,
gedeiht die beste Wintersaat.

Vor Michaeli sä mit der halben
Hand –
danach streu mit der ganzen
Hand!

Um Michaeli die Saat
ist nicht zu früh und nicht zu
spat.

Michaelistag, der Älpler Qual,
da treiben sie das Vieh zu Tal.

Ist Sankt Michael vorbei,
sind die Wiesen alle frei.

Wenn die Vögel nicht ziehen vor
Michaeli furt,
wird's nicht Winter vor Christi
Geburt.

Michaelitag
spricht dem Fuchs das Leben ab.

Es holt herbei Sankt Michael
die Lampe wieder und das Öl.

Michel steckt das Licht an,
das Gesind' muss ans Spinnrad
ran.

Sankt Michael zündet's
Lämpchen an,
damit das Mädchen spinnen
kann.

September

September

Wenn zu Michaeli der Wind kalt weht,
ein harter Winter zu erwarten steht.

Wenn Michel durch die Pfützen geht,
ein milder Winter vor uns steht.

Auf nassen Michelstag
nasser Herbst folgen mag.

Michel mit Nord und Ost,[17]
künden klirrenden Frost.

Kommt der Michel heiter und schön,
wird es so vier Wochen weitergeh'n.

Wenn Michel viele Eicheln mag,
das Christkind durch Schnee trag'.

Michel
nimmt d'Sichel.

Wer michelt,
der sichelt.

Donnert der Michel,
arbeitet d'Sichel.

Steh'n zu Michael die Fische hoch,
kommt viel schönes Wetter noch.

An Michaele
tut man die Nuss aus der Höhle.

Wenn Michaelis der Wind von Norden weht,
ein harter Winter zu erwarten steht.

Zieh'n die Vögel vor Michael,
blickt von fern der Winter scheel.

Michael feucht –
Winter wird leicht.

Bringt Sankt Michel Regen,
kann man im Winter den Pelz ablegen.

Wenn der Erzengel die Flügel badet,
zu Weihnachten der Regen schadet.

Ist die Nacht vor Michaelis hell,
so soll ein strenger und langer Winter folgen;
regnet es aber an Michaelis,
so soll der nächste Winter sehr gelind sein.

---

17 Nord- und Ostwind.

Regnet's an Michaelis ohne Gewitter,
folgt meist ein milder Winter;
ist es aber an Michaelis und an Gallus [16. 10.] trocken,
dann darf man auf gutes, trockenes Frühjahr hoffen.

Von Michel und Hieronymus [30. 9.],
mach aufs Weihnachtswetter den Schluss.

Gibt Michaeli Sonnenschein,
wird's in zwei Wochen Winter sein.

Wie der Hirsch an Ägidi [1. 9.] in die Brunft tritt,
so tritt er an Michaeli wieder heraus.

Willst du sehen wie das Jahr geraten soll,
so merke folgende Lehre gar wohl:
Nimm wahr den Eichapfel[18] am Michaelstag,
an welchem man das Jahr erkennen mag;
haben sie Spinnen, so folgt kein gutes Jahr;
haben sie Fliegen, so zeigt's ein Mitteljahr, fürwahr;
haben sie Maden, so wird das Jahr gut;
ist nichts darin, so hält der Tod die Hut;
sind die Eichapfel früh und sehr viel,
so schau, was der Winter verrichten will.
Mit vielem Schnee kommt er vor Weihnachten,
danach magst du große Kälte betrachten.
Sind die Eichäpfel ganz schön innerlich,
so folgt ein schöner reicher Sommer sicherlich,
werden sie innerlich nass erfunden,
tut einen nassen Sommer bekunden;
sind sie mager, so wird der Sommer heiß,
das sei dir gesagt mit allem Fleiß.

---

18 Durch Gallwespen verursachte Auswüchse auf Blättern und Zweigen von Eichen.

30. September: hl. Hieronymus

Hieronymus (um 345/347–419/420) zählt zu den vier großen lateinischen Kirchenvätern. Er war in Rom Sekretär von Bischof Damasus I. Nach dessen Tod musste er 385 Rom verlassen, ging nach Palästina und übersetzte die Bibel in die lateinische Sprache (Vulgata). Er ist Patron der Schüler, Studenten, Lehrer, Gelehrten, Theologen, Übersetzer, Korrektoren, der Theologischen Fakultäten, wissenschaftlichen Vereinigungen, Bibelgesellschaften und Asketen sowie gegen Augenleiden.

Sankt Hieronymus
macht mit dem Altweibersommer Schluss.

Von Michael [29. 9.] und Hieronymus
mach auf's Weihnachtswetter Schluss.

*Der Weinmonat ist an Wildpret reich,
an Gänsen, Vögeln auch zugleich.*

Oktober

Weinmonat, Gilbhart, Weinmond

Oktober, der zehnte Monat des Jahres mit 31 Tagen, war nach dem Römischen Kalender der achte Monat. Sein Name leitet sich von lat. *octo* (acht) ab. Der von Kaiser Karl I. dem Großen eingeführte Name Windumemanoth ist dem Lateinischen nachgebildet: *vindemia* heißt Weinlese. In diesem Monat wird der Wein gekeltert.

Im bäuerlichen Arbeitsjahr war im Oktober das Kartoffelgraben die Hauptarbeit. Was man nicht selbst in den Vorratskammern auf dem Hof einlagert, wird auf den Märkten in der Stadt oder auf den Dörfern verkauft, Obst ebenso wie Gemüse, das vom Feld oder aus dem Bauerngarten stammt. Den besten Absatz erzielten Kartoffeln und Mais, Äpfel, Birnen und Nüsse, Quitten und Zwetschgen (Pflaumen) sowie Gewürz- und Heilkräuter. Für die Männer wurde es jetzt Zeit, auf den Feldern den Winterweizen zu säen. Auch war nun die Zeit zum Dreschen des Getreides mit dem Flegel, einer harten körperlichen Arbeit für Mann und Frau.

Oktober

Wie der Oktober, so der März,
das bewährt sich allerwärts.

Hocken im Oktober die Birnen fest
am Stiel,
bringt der Winter Kälte
viel.

Viele Nebel im Weinmonat,
viel Schnee im Christmonat.

Oktoberwind – glaube es mir –
verkündet harten Winter dir.

Bleibt im Oktober s'Laub am Ast,
viel Ungeziefer zu fürchten hast.

Wenn Frost und Schnee im Oktober war,
gibt's einen gelinden Januar.

Bringt der Oktober viel Frost und Wind,
so sind der Januar und Hornung gelind.

Trägt im Oktober der Has' sein
Sommerkleid,
so ist der Winter noch recht
weit.

Sitzt im Oktober das Laub noch fest
am Baum,
so fehlt ein strenger Winter kaum.

Wenn rau und dick des Hasen
Oktoberfell,
dann sorg für Holz und Kohlen schnell.

Ist der Oktober kahl und nass,
wird der Winter nur ein Spaß.

Wenn's im Oktober friert und schneit,
bringt der Jänner milde Zeit.

Ist der Weinmonat warm und
fein,
folgt ein harter Winter
hintendrein.

Oktobermück
bringt keinen Sommer z'rück.

Oktobergewitter sagen beständig,
der künftige Winter sei wetterwendig.

Warmer Oktober bringt fürwahr,
uns sehr kalten Februar.

Wenn's im Oktober donnert und
wetterleucht't,
der Winter dem April an Launen
gleicht.

Fällt im Oktober Schnee auf Nässe,
macht der Winter böse Späße.

Im Oktober tief gepflügt
ist halb gedüngt.

Halten die Krähen im Oktober
Convivium,
sieh schnell nach Feuerholz
dich um.

Im Oktober viel Morgenrot,
macht für's nächste Jahr die Raupen tot.

Gewitter im Oktober künden,
dass du wirst nassen Winter finden.

Durch Oktobermücken
lass dich nicht berücken.

Wenn's im Oktober wetterleuchtet,
noch mancher Regen die Äcker feuchtet.

Oktober

Wer im Oktober hell Wetter will,
hat der Winde im Winter viel.

Graben die Mäuse im Oktober tief in
die Erden,
wird's ein strenger Winter
werden.

Fällt der erste Oktoberschnee in Kot,
ist der Winter ein harmloser Bot.

Bringt der Oktober reichlich Regen,
ist's für die Felder ein Segen.

Wenn jetzt die wilden Gäns'
wegzieh'n,
folgt bald der Winter
hintendrin.

Ist der Oktober freundlich und mild,
wird der März dafür rau und wild.

Bringt der Oktober schon Schnee
und Eis,
ist's schwerlich im Januar kalt
und weiß.

Schneit's im Oktober gleich,
dann wird der Winter weich.

Oktober rau –
Januar flau.

Bringt der Oktober noch Gewitter,
wird der Winter meist ein Zwitter.

Oktoberhimmel voller Sterne,
hat warme Öfen gerne.

Wie im Oktober die Regen hausen,
so im Dezember die Winde sausen.

Herrscht im Oktober zu viel die Sonn',
hat in der Fasnacht die Kält' ihr' Wonn'.

Sind jetzt die Maulwurfhügel hoch im
Garten,
ist ein strenger Winter zu
erwarten.

Hält der Oktober das Laub,
wirbelt zu Weihnachten Staub.

Wenn der Eichbaum sein Laub behält,
folgt ein Winter mit strenger Kält'.

Hält Birk und Weid' ihr Wipfellaub
lange,
ist zeitiger Winter und gut Frühjahr im
Gange.

Oktober kalt,
gebietet dem Raupenfraße halt.

Ist der Oktober kalt und klar,
erfrieren die Raupen fürs nächste Jahr.

Nichts kann mehr vor Raupen schützen
als Oktoberreif in Pfützen.

Baumblüten, die im Herbste
kommen,
künftigem Sommer die Frucht
genommen.

Wie im Oktober die Regen hausen,
so im Dezember die Stürme brausen.

Im Oktober noch Rosen im Garten,
der Winter muss noch warten.

Im Oktober der Nebel viel,
bringt im Winter der Flocken Spiel.

Oktober

Wenn die Bienen zeitig verkitten,
kommt ein harter Winter geritten.

Ist die Krähe nicht mehr weit,
ist's zum Säen höchste Zeit.

geht der Hirsch in die Brunft,
säe Korn mit Vernunft!

Oktober geht ein rauer Wind –
dann wärm am Sauser[19] dich geschwind!

Fällt im Oktober das Laub sehr schnell,
ist der Winter früh zur Stell'.

Bringt Oktober schon Frost und Schnee,
schrei'n über'n Winter wir Ach und Weh.

Nordlicht im Oktober, glaube mir,
verkündet herben Winter dir.

Oktobergewitter
sind Leichenbitter.

Fallen im Oktober die Blätter beizeit',
dann folgt ein Jahr voll Fruchtbarkeit.

Im Oktober Sturm und Wind
uns den frühen Winter künd't.

Rüsten die Schwalben zur Reis',
dauert's nicht mehr lang, und es wird weiß.

Wirft der Maulwurf im Spätherbst
noch Haufen,
siehst du im Jänner schon Mäuschen laufen.

Fällt der erste Schnee in den Schmutz,
vor strengerem Winter kündet er Schutz.

Oktober-Sonnenschein
schüttet Zucker in den Wein.

Wird jetzt noch Sonnenschein gesichtet,
der Winzer dann das Fass herrichtet.

Oktoberschnee
tut Mensch' und Tieren weh.

Oktoberschnee
tut Pflanzen und Saaten weh.

Je rauer der Hase,
desto bälder friert die Nase.

Wenn's im Oktober friert und schneit,
bringt der Januar milde Zeit.

Sind im Oktober viel Spinnen im Haus,
weht der Winter mit hartem Graus.

Oktoberwetter zeigt stets an,
wie's künftig um den März wird stahn.

Oktobersonne kocht den Wein
und füllt auch große Körbe ein.

Wenn's im Oktober wettert und leuchtet,
viel Regen noch den Acker befeuchtet.

---

19 Neuer Wein.

Oktober

Mischt der Oktober sich in den
Winter,
so ist dieser umso
gelinder.

Sitzt das Laub fest an Zweig und Ästen,
kommt der Winter mit starken Frösten.

Siehst du fremde Wandervögel,
wird es kalt nach alter Regel.

Das ist ein hartes Winterzeichen,
will's Laub nicht von den Bäumen
weichen.

Bringt der Oktober Frost und Schnee,
tut der Winter nicht allzu weh.

Ist im Oktober das Wetter hell,
bringt es her den Winter schnell.

Wenn der Zugvogel zeitig geht,
der Winter vor der Türe steht.

Hat der Oktober viel Regen gebracht,
hat er die Gottesäcker bedacht.

Zu Ende Oktober Regen
bringt ein fruchtbar' Jahr zuwegen.

Oktobers Ende
reicht allen Heiligen die Hände.

Ist der Oktober warm und fein,
kommt ein scharfer Winter drein;
ist er aber nass und kühl,
mild der Winter werden will.

Bringt der Oktober Frost und Wind,
wird der Januar gelind;
ist er aber nass und kühl,
wild der Winter werden will.

Graben sich im Oktober die Mäus'
tief ein,
wird der Winter strenge sein;
viel strenger aber noch,
bauen die Ameisen hoch.

Wenn Buchenfrüchte geraten wohl,
Nuss- und Eichbaum hängen voll,
so folgt ein harter Winter drauf
und fällt der Schnee mit großem Hauf.

Hilft der Oktober nicht mit Sonne,
hat der Winzer keine Wonne.

Viel Nebel im Oktober,
viel Schnee im Winter.

Lostage im Oktober

1. Oktober: hl. Remigius

Remigius (um 436–533) wurde bereits als 22-jähriger zum Bischof von Reims gewählt und wirkte für die Ausbreitung des Christentums im nördlichen Gallien (heute Nordfrankreich). Durch seine persönliche Verbundenheit mit dem Frankenkönig Chlodwig I. gelang es ihm, diesen zu Weihnachten 498 zu taufen. Seit der Kalenderreform 1969/70 ist der offizielle Gedenktag am 13. Januar. Er ist der Patron gegen Pest, Schlangenbiss, Fieber, Halskrankheiten, Verzagtheit, Versuchungen und religiöse Gleichgültigkeit.

> Regen an Stankt Remigius
> bringt für den ganzen Mond Verdruss.

2. Oktober: hl. Leodegar

Leodegar von Autun (um 616–um 677) war von adeliger Abkunft und wurde 660 Bischof von Autun (Westburgund). Er wurde enthauptet. Er ist Patron der Müller sowie bei Augenleiden und Besessenheit.

> Fällt das Laub auf Leodegar,
> ist das nächste ein fruchtbar' Jahr.

> Laubfall an Sankt Leodegar,
> kündigt an ein fruchtbar' Jahr.

> Wind an Leodegar
> kündet an ein fruchtbar' Jahr.

4. Oktober: hl. Franz von Assisi

Franz von Assisi (1181/82–1226), ein Sohn reicher Eltern, trennte sich vom Reichtum. Zahlreiche gleichgesinnte junge Männer schlossen sich ihm an, und er gründete mit ihnen 1209 den Orden der Minderbrüder, der späteren Franziskaner. Er ist Patron der Armen, Lahmen, Blinden, Strafgefangenen, Schiffbrüchigen und Umweltschützer, der Weber, Tuchhändler, Schneider, Kaufleute, Flachshändler, Tapetenhändler, Sozialarbeiter, der Katholischen Aktion, der Sozialarbeit, des Umweltschutzes und der Wölflinge (der Kinderstufe der christlichen Pfadfinder) sowie gegen Kopfweh und Pest.

> Sonne an Sankt Franz
> gibt dem Wein den Glanz.

6. Oktober: hl. Bruno

Bruno (um 1030–1101) stammte aus Köln und übernahm 1057 die Domschule in Reims. 1084 ließ er sich mit sechs Gefährten in der Chartreuse (*Cartusia*), in der Nähe von Grenoble, als Einsiedler nieder. Aus dieser Gemeinschaft entstand der Kartäuserorden. Er ist Patron der Besessenen und gegen die Pest.

> Bruno der Kartäuser
> treibt die Mäuse in die Häuser.

> Sankt Bruno, der Kartäuser,
> treibt die Fliegen in die Häuser.

8. Oktober: hl. Pelagia

Pelagia (um 269 oder 288–284 oder nach 303) stammte aus Antiochien (Antakya, Türkei). Sie tötete sich bei der Christenverfolgung unter Kaiser Numerianus (oder Diokletian) selbst, um ihre Gefangennahme und den damit wohl verbundenen Verlust ihrer Jungfräulichkeit zu verhindern.

> Stankt Pelei
> führt Donner und Hagel herbei.

9. Oktober: hl. Dionysius

Dionysius (um 200–nach 250) wurde als Glaubensbote nach Gallien geschickt. Er war vermutlich der erste Bischof von Paris (Lutetia) und wurde enthauptet. Dionysius (St-Dénis) ist ein Nationalheiliger Frankreichs und wird zu den Vierzehn Nothelfern gezählt. Er ist Patron der Schützen; gegen Kopfschmerzen, Tollwut, Gewissensunruhe und Seelenleiden sowie bei Hundebissen und Syphilis.

Regnet's an Sankt Dionys,
nasser Winter ganz gewiss.

Regnet es auf Dionys,
wird der Winter hart gewiss.

Donisl nass,
Winter nass.

13. Oktober. hl. Koloman

Koloman (10. Jh.–1012) stammte aus Irland. Er befand sich auf einer Pilgerfahrt ins Heilige Land und wurde in der Gegend von Stockerau (nordwestlich von Wien) wegen seiner fremden Sprache als Verdächtiger festgenommen und an einem Baum aufgehängt. Nach seinem Tod wurde er bald in Österreich, Böhmen und Ungarn verehrt. Sein eigentlicher Gedenktag ist der 17. Juli, im österreichischen Raum jedoch der 13. Oktober. Er ist der Patron der zum Tod durch den Strang Verurteilten, des Viehs; der Reisenden sowie gegen Kopf- und Fußleiden, Pest, Unwetter, Feuergefahr, Ratten- und Mäuseplagen.

Heiliger Koloman
schick mir einen braven Mann.

14. Oktober: hl. Burkhard

Burkhard (Burkard) (um 684–755?) war der erste Bischof von Würzburg. Er starb während einer Rast in einer Tropfsteinhöhle in Homburg im Maintal. Sein Gedenktag ist der 2. Februar, im deutschsprachigen Raum jedoch der 14. Oktober. Er ist Patron gegen Gelenkkrankheiten, Rheumatismus, Stein- und Nierenleiden sowie Lendenschmerzen.

Ist St. Burkhard trübe,
kommt kein Zucker in die Rübe.

Sankt Burkhardi Sonnenschein
schüttet Zucker in den Wein.

15. Oktober: hl. Theresia (Teresa) von Ávila

Theresia (1515–1582) trat 1535 in das Kloster der Karmelitinnen ihrer Heimatstadt Ávila ein. Nach einer Zeit ernsthafter Erkrankung wurden ihr erstmals mystische Erfahrungen zuteil. Sie gründete in den Jahren viele Reformklöster. Sie ist Patronin der Bortenmacher, der Schachspieler und der spanischen Schriftsteller, in geistlichen Nöten, um die Gnade, beten zu können, für ein innerliches Leben sowie gegen Kopf- und Herzleiden.

Zu St. Theres'
beginnt d'Weinles'.

16. Oktober: hl. Gallus

Der irische Mönch Gallus (um 550–um 640) kam um 590 über das Frankenreich nach Alemannien. Er baute mit einigen Gefährten eine Einsiedelei, wo er im hohen Alter von etwa 95 Jahren starb. Aus der Einsiedelei entwickelte sich später das bedeutende Benediktinerkloster St. Gallen. Er ist Patron der Gänse, Hühner und Hähne sowie der Fieberkranken.

Am Tage von St. Gallus pack
alle Äpfel in den Sack.

Nach dem Sankt Gallus-Tag
nichts mehr im Garten bleiben
mag.

Sankt Galliwein –
Bauernwein.

Sankt Gallen
lässt den ersten Schnee fallen.

Auf Sankt Galles
ernte alles.

Ist Sankt Gallus nicht trocken,
folgt ein Sommer mit nassen
Socken.

Wenn Gallus kommt, hau ab den
Kohl,
er schmeckt im Winter trefflich
wohl.

Gießt's an St. Gallus wie ein Fass,
wird der nächste Sommer nass.

Sankt Hedwig [17. 10.] und Sankt
Gall'
machen das Schneewetter all'.

Gallus nass –
für die Wiesen kein Spaß.

Sankt Gall
jagt das Vieh in den Stall.

Tritt St. Gallus trocken auf,
folgt ein nasser Winter drauf.

Auf Sankt Gall
bleibt die Kuh im Stall.

Regnet's am St. Gallustag nicht,
es dem Frühling an Regen
gebricht.

Nachdem St. Gallustag vorbei,
gewöhnt die Kuh sich bald ans
Heu.

Auf Gallustag, das merke fein,
müssen die Äpfel im Keller sein.

Wenn Sankt Gallus die Butten
trägt,
dem Wein ein schlechtes Zeichen
schlägt.

Am Sankt Gallustag
den Nachsommer man
erwarten mag.

An Sankt Gall
pflüg auf dem Berg und sä'
im Tal!

An Sankt Hedwig [16. 10.] und
Sankt Gall
schweigt der Vögel Sang und
Schall.

Gallus vorbei,
Birnen und Äpfel sind frei.

Wie Sankt Gallus es tut
verkünden,
wird sich der nächste Sommer
finden.

Oktober

Der Gallus zieht ein,
er sitzt auf einem Stein;
wenn ihr etwas habt drauß',
bringt's bald ins Haus.

Galli hocket uf em Stei,
Buur, was dusse ischt, tue hei.

Gießt Sankt Gallus wie ein Fass,
wird der nächste Sommer nass;
ist er aber trocken,
folgt vom Sommer noch ein
Brocken.

Wenn am Gallustag Regen fällt,
der Regen sich bis Weihnacht hält;
ist's an Sankt Gallus aber heiter,
hellt es bis Weihnachten noch
weiter.

Hedwig und Sankt Gall'
machen das schöne Wetter all.

Wenn St. Gallus Regen
fällt,
der Regen sich bis Weihnacht
hält.

Mit St. Hedwig [16. 10.] und St. Gall'
schweigt der Vögel Sang und Schall.

16. Oktober: hl. Hedwig

Hedwig (1374–1399) wurde als Tochter des ungarischen Königs Ludwig von Anjou geboren und nach dessen Tod als Zehnjährige zur Königin von Polen gekrönt. Ein Jahr später wurde sie mit dem litauischen Großfürsten Jagiello verheiratet. Sie wurde nach ihrem Tod bald als Heilige verehrt, obwohl sie erst 1997 heiliggesprochen wurde. Sie starb bereits im Alter von 25 Jahren. Sie ist Patronin der Heimatvertriebenen und der Brautleute.

Sankt Hedwig und Sankt Gall'
[16. 10.]
machen das Schneewetter all'.

Hedwig und Galle
machen das schöne Wetter alle.

Hedwig und Galle
machen miteinander den Lalle.

Nach St. Hedwig und St. Gall
schweigt der Vögel Sang und
Schall.

Mit Hedwige
tritt der Saft in die Rübe.

Sankt Hedwig und Sankt Gall
treiben das Vieh in den Stall.

An Hedwig bricht der Wetterlauf,
und hört das schöne Wetter auf.

18. Oktober: hl. Evangelist Lukas

Lukas, dem das dritte Evangelium und die Apostelgeschichte zugeschrieben wird, stammte vermutlich aus Antiochia in Syrien, wo er als Arzt tätig war. Der Überlieferung zufolge begleitete Lukas zeitweise den Apostel Paulus auf seinen Missionsreisen und auch während seiner römischen Gefangenschaft. Der Überlieferung zufolge starb er im Alter von 84 Jahren in Böotien. Offen bleibt, ob er eines friedlichen Todes oder als Märtyrer gestorben ist. Er ist Patron der Ärzte, Chirurgen, Kranken, Künstler, Goldschmiede, Glasmaler, Bildhauer, Sticker, Buchbinder, Notare und Metzger; der christlichen Kunst sowie des Viehs und des Wetters.

Von Lukas bis Sankt Simonstag [28. 10.],
zerstör der Raupennester Plag.

Wer an Lukas Roggen streut,
es im Jahr drauf nicht bereut.

Wie die Witterung an Lukas wird sein,
schlägt sie im nächsten Märzen ein.

Sieht's Lukas zwischen den Stoppeln keimen,
wird das Korn zu gedeihen nicht säumen.

Ist St. Lukas fein und warm,
kommt ein Winter, dass Gott erbarm.

Sankt Lukas Evangelist,
bringt Spätroggen ohne Mist.

20. Oktober: hl. Wendelin

Wendelin (um 555–617?) war ein iroschottischer Königssohn, der um die Mitte des 6. Jahrhunderts bis nach Trier kam. Die zahlreichen Legenden, die sich um seine Person ranken, verdunkeln das historische Bild. Ungewiss ist, ob er tatsächlich Gründer und Abt des Klosters Tholey (Saarland) war. Sein offizieller Gedenktag ist der

21. Oktober, im deutschsprachigen Raum jedoch der 20. Oktober. Er ist Patron der Hirten und Herden, Schäfer und Bauern, des Viehs, gegen Viehseuchen, für gedeihliche Witterung und gute Ernte sowie für Natur- und Umweltschutz.

> Um Sankt Wendelin
> geht der schöne Herbst dahin.

> Sankt Wendelin, verlass uns nie,
> schirm unsern Stall, schütz unser Vieh.

> Sankt Wendelein
> lässt's Vieh herein.

> Sankt Wendelin
> lässt die Herden zieh'n.

21. Oktober: hl. Ursula

Ursula (3. Jh.–3./4. Jh.) wurde vermutlich in England geboren. Der Legende nach war sie eine englische Königstochter. Bei ihrer Rückkehr von einer Wallfahrt nach Rom soll sie mit ihren Gefährtinnen in Köln von den Hunnen niedergemetzelt worden sein. Sie ist Patronin der Jungfrauen, der Jugend, der Lehrerinnen, Erzieherinnen und Tuchhändler, der Universitäten von Köln, Wien und Coimbra, in Kriegszeiten, für eine gute Ehe, für ruhigen Tod sowie gegen Kinderkrankheiten und die Qualen des Fegefeuers.

> An Ursula muss das Kraut herein,
> sonst schneien Simon und Juda [28. 10.] drein.

> Sankt Ursulas Beginn
> zeigt auf den Winter hin.

> Sankt Ursel, o Graus,
> zieht die Bäume aus.

Lacht St. Ursula mit Sonnenschein,
wird wenig Schnee vorm Christfest sein.

Sankt Ursula will uns sagen,
bald könnt' das Feld Schnee tragen.

Zu Ursula muss das Kraut herein,
sonst wird's noch lange draußen sein.

23. Oktober: hl. Severin von Köln

Über Severin (4. Jh.–5. Jh.) gibt es keine gesicherten historischen Zeugnisse. Der Tradition nach ist er der dritte Bischof von Köln. Schon früh wurde Severin in Köln hoch verehrt. Er ist Patron der Weber, für Regen sowie gegen Unglück und Trockenheit.

Wenn's Sankt Severin gefällt,
bringt er mit die erste Kält'.

25. Oktober: hl. Crispinus (Krispin)

Crispinus (3. Jh.–287) kam als Missionar nach Nordfrankreich und war Schuhmacher. Den Armen soll er unentgeltlich Schuhe gemacht haben. In der Christenverfolgung unter Kaiser Maximinian wurde er nach grausamer Folterung enthauptet. Im Wiener Volksmund gibt es für eine hagere, magere Person die Bezeichnung „Krispindl". Crispinus ist Patron der Schuhmacher, Sattler, Gerber, Schneider, Weber und Handschuhmacher.

Mit Krispin
sind alle Fliegen dahin.

Zu Krispin
werden die Fliegen hin.

26. Oktober: hl. Albin

Albin, eigentlich Witta (= angelsächs. weiß) († 746/747) war ein Gefährte von Bonifatius, der ihn 741/742 zum ersten und einzigen Bischof von Büraburg (bei Fritzlar) machte. Nach Albins/Wittas Tod wurde es dem Bistum Mainz angeschlossen.

> Warmer Sankt Albin bringt fürwahr
> stets einen kalten Januar.

28. Oktober: hll. Apostel Simon und Judas Thaddäus

Der Beiname Zelotes für den Apostels **Simon** weist darauf hin, dass er vor seiner Berufung wohl Mitglied in der Gruppe der Zeloten war, die versuchten, mit Gewalt die römische Besatzungsmacht abzuschütteln. Unklar ist, wann und wo er gestorben ist. Er ist Patron der Holzfäller, Waldarbeiter, Maurer, Gerber, Lederarbeiter, Weber und Färber.

Judas Thaddäus gehört zu den weniger bekannten Aposteln. Er hat möglicherweise in Vorderasien und Phönizien den Glauben verkündet und ist dort als Märtyrer gestorben. Seine Verehrung als Helfer in aussichtslosen Nöten stieg seit dem Ende des 18. Jahrhunderts stetig an.

> Ist's an Judas hell und klar,
> gibt's Regen erst an Cäcilia [22. 11.].

> Schneid ab das Kraut,
> bevor es Judas klaut!

> Simon und Judas kein Regen da,
> bringt ihn erst Cäcilia.

> St. Simon und Jüd
> bringen den Winter unter d'Lüt.

> Wenn Simon Judä schaut,
> pflanze Bäume, schneide Kraut.

> Simon und Judas, ja die zwei,
> führen oft den Schnee herbei.

> Simon und Juda, die heiligen Herrn,
> sitzen am warmen Ofen gern.

> Wenn Simon und Judas vorbei,
> rückt der Winter schnell herbei.

Sind Simon und Judas vorbei,
ist der Weg für den Winter frei.

Wenn zu uns Simon und Judas
wandeln,
wollen sie mit dem Winter
handeln.

Simon und Judas
fegen's Laub in d'Gass'.

Wer Weizen säet am
Simonstage
dem trägt er gold'ne Ähren,
ohne Frage.

Simon und Jude,
werfen Schnee auf die Bude.

Simon und Judä,
hängen an die Stauden Schnee.

Bevor dich Simon – Judas schaut,
pflanze Bäume, schneide Kraut.

31. Oktober: hl. Wolfgang

Wolfgang (um 924–994) stammte aus schwäbischem Adel und wurde 972 Bischof von Regensburg. Er wird besonders in Bayern und Österreich verehrt. Er ist Patron der Hirten, Schiffer, Holzarbeiter, Köhler, Zimmerleute, Bildhauer, unschuldig Gefangenen, des Viehs, bei Schlaganfällen, gegen Gicht, Lähmungen, Fußleiden, Ruhr, Hauterkrankungen, Hautentzündungen (Wolf), Blutfluss, Schlaganfall, Augenkrankheiten, Bauchschmerzen und Unfruchtbarkeit sowie Missgeburten.

Regen am Sankt Wolfgangstag,
gut für's nächste Jahr sein mag.

Am Wolfgangregen
ist viel gelegen.

St. Wolfgang Regen
verspricht ein Jahr voll Segen.

*Hat der November einen weißen Bart,
dann wird der Winter lang und hart.*

November

Allerseelenmonat, Nebelmond, Windmond, Wintermond, Jägermonat, Reifmonat, Herbstmonat

November, der elfte Monat im Jahr mit 30 Tagen, war nach dem Römischen Kalender der neunte Monat, dessen Namen sich von lat. *novem* (neun) ableitet. Kaiser Karl I. der Große führte den Namen Herbstimanoth ein. Dieser Name wurde nachher auf den September übertragen, und dafür erhielt der November die Benennung Widunmanoth (Windmonat).

Im bäuerlichen Arbeitsjahr brachte man im November den restlichen Dünger auf die Wiesen und verteilte ihn dort. Als letzte Ernte galten Krautköpfe und Runkeln (Futterrüben). War dann alle Feldarbeit getan, gingen die Männer wieder in den Wald: Bäume mussten gefällt werden, die Streu war zu richten, und Wurzelstöcke mussten ausgegraben werden. Im Bauerngarten gab's den ersten Winterlauch zu ernten, außerdem Herbst- und Grünkohl. Die Vorratskammer mussten ständig kontrolliert werden: Obst und Gemüse sollten ja für den Verzehr im Winter halten. Für die Frauen begann zudem wieder die Arbeit in der Stube.

November

Wenn im November Donner rollt,
wird dem Getreide Lob gezollt.

Novemberdonner hat die Kraft,
dass er Korn und Weizen schafft.

Novemberdonner –
guter Sommer.

Wer im November die Felder nicht
gestürzt,
der wird im nächsten Jahr
gekürzt.

Fällt der erste Novemberschnee in Dreck,
wird der Winter nur ein Geck.

Wenn im Wintermonat die Wasser
schwellen,
gibt's jeden Monat im Jahr hohe
Wellen.

Wenn's im November regnet und frostet,
dies der Saat das Leben kostet.

Friert im November zeitig das Wasser,
wird's im Januar umso nasser.

Baumblüte spät im Jahr,
noch nie ein gutes Zeichen war.

Gibt's jetzt viel Schnee und bleibt er lange
liegen,
wir reiche Frucht und vielen Klee dann
kriegen.

Der rechte Bauer weiß es wohl,
dass der November wässern soll.

November nass
bringt jedem was.

Donnert's im November,
wird gut das nächst' Jahr werden.

Bringt November Morgenrot,
der Aussaat großen Schaden droht.

Baumblüte im November gar,
noch nie ein gutes Zeichen war.

Novemberschnee
tut der Saat nicht weh.

November tritt oft kalt herein,
braucht nicht viel dahinter sein.

Ein heller, kalter, trockener November,
gibt Regen und milde Luft im Jänner.

Steht im November die Buche noch im
Saft,
so wird der Regen stärker als der Sonne
Kraft.

Ist im November die Buche starr und
fest,
sich große Kält' erwarten
lässt.

Blüh'n im November die Bäume auf's neu',
dann währt der Winter bis zum Mai.

Im November Wässerung
ist der Wiesen Besserung.

Willst du den Futterstand
verbessern,
musst im November die Wiesen
wässern!

Ist der November kalt und klar,
wird trüb und mild der Januar.

Findest du im November die Birke
ohne Saft,
kommt bald der Winter mit
voller Kraft.

Hängt das Laub bis November hinein,
wird der Winter lange sein.

Hocken die Hühner im November in den
Ecken,
kommt bald Frost und Winters
Schrecken.

Wenn der Maulwurf jetzt noch wirft
fürwahr,
tanzen die Mücken am Neujahr.

Viel Regen im November,
viel Wind im Dezember.

Novemberwasser auf den Wiesen,
dann wird das Gras im Lenz gepriesen.

Lässt der November die Füchse bellen,
wird der Winter viel Schnee bestellen.

Wenn der November blitzt und kracht,
im nächsten Jahr der Bauer lacht.

Wenn im November die Sterne stark
leuchten,
lässt dies auf baldige Kälte deuten.

Bringt der November Morgenrot,
der Aussaat viel Regen droht.

November hell und klar –
schlecht das ganze Jahr.

November-Morgenrot
mit langem Regen droht.

Ist im November die Buche noch
im Saft,
viel Nässe dann der Winter
schafft.

Schneit's im November gleich,
so wird der Winter weich.

Wenn's im November donnern tut,
wird das nächste Jahr wohl gut.

Je mehr Schnee im November fällt,
umso fruchtbringender wird das Feld.

Im November viel nass –
auf den Wiesen viel Gras.

Novemberschnee auf nassen Grund,
bringt gar schlechte Erntestund'.

Im November Mist fahren,
soll das Feld vor Mäusen bewahren.

Tummelt sich im November die Maus,
bleibt der Winter noch lange aus.

Wer später will haben,
muss im November gründlich graben.

November warm und klar,
ist übel für's nächste Jahr.

Ruhen Novembernebel im Wald,
kommt der rechte Winter bald.

Fällt im November das Laub früh zu Erden,
soll ein feiner Sommer werden.

Ziehen die Spinnen ins Gemach,
kommt gleich der Winter nach.

Im November –
Vollmond, Gewitter –
Getreide im Flachland bitter.

Novemberwind
scheut Schaf und Rind.

Strenger Novembernebel und Nebelregen
schauen dem Winter entgegen.

Sitzt November fest im Laub,
wird das Wetter hart, das glaub.

Bleibt der Vorwinter aus,
kommt der Nachwinter mit Graus.

Wenn im November die Wasser steigen,
dies nassen Sommer will anzeigen.

Fängt der Winter früh an zu toben,
ist er im Dezember nicht zu loben.

Bringt der November Morgenrot,
sei sicher, dass langer Regen droht.

Viel Bucheckern und viel Eicheln,
der Winter wird nicht schmeicheln.

Wenn im November die Sterne
leuchten hell,
heißt das: Die Kälte kommt schnell.

Ruhen die Nebel im Wald,
kommt der Winter bald.

Blüh'n im November die Bäume aufs neu',
währt der Winter bis zum Mai.

Hält der Baum die Blätter lang',
macht ein später Winter bang'.

Fliegen im November noch
Sommerfäden,
wirst du lang' nicht vom Frühling reden.

Wie der November verflogen,
kommt der Mai gezogen.

Fahr im November deinen Mist,
denn wenn so überwintert ist,
dann ist der Mist des Bauern List.

Steigt im November das Gewässer,
steigt's allmonatlich noch besser;
und nächsten Sommer ist es nässer,
als es zum Wachstum wäre besser.

Wer nicht im November die Äcker
gestürzt,
der wird im nächsten Jahr verkürzt.

November warm und klar,
keine Sorge fürs nächste Jahr.

Viel Nebel im November,
viel Schnee im Winter.

Gefriert im November schon das Wasser,
wird der Januar umso nasser.

Lostage im November

1. November: Allerheiligen

Am Beginn des „dunklen" Monats November, der sehr stark vom Totengedenken geprägt ist, feiert die Kirche das Hochfest Allerheiligen, das im Osten bereits im 4. Jahrhundert nachweisbar ist. Im Westen gedachte man am 13. Mai der Märtyrer. Seit dem 8. Jahrhundert feierte man in Irland und England den 1. November als Fest aller Heiligen. Vom 9. Jahrhundert an setzte sich der Allerheiligentag auch auf dem Festland durch.

Wenn's zu Allerheiligen schneit,
lege deinen Pelz bereit.

An Allerheiligen
sitzt der Winter auf den
Zweigen.

Steckt Allerheiligen in der Mütze,
ist Sankt Martin [11. 11] der Pelz
nichts Nütze.

Von Allerheiligen bis Martin,
zieht der Altweibersommer
sich hin.

Allerheiligenreif
macht zu Weihnachten alles
starr und steif.

Auf Allerheiligen Sonnenschein,
tritt der Nachsommer ein.

Regen am Allerheiligentag,
ein strenger Winter folgen mag.

Schnee am Allerheiligentag
gar nicht lange liegen mag.

Allerheiligen klar und helle –
sitzt der Winter auf der
Schwelle.

Hat Allerheiligen Sonnenschein,
wird Martin umso kälter sein.

Bricht vor Allerheiligen der
Winter ein,
herrscht um Martini
Sonnenschein.

Regen am Allerheiligentag,
viel Schnee im Winter kommen
mag.

Allerheiligen feucht,
wird der Schnee nicht leicht.

Allerheiligen bringt Sommer
für alte Weiber
und ist des Sommers letzter
Vertreiber.

Ist's zu Allerheiligen rein,
tritt Altweibersommer ein.

November

Soll der Winter glücklich sein,
tritt Allerheiligen der Sommer ein.

Bringt Allerheiligen einen Winter,
so bringt Martini [11. 11.] einen Sommer.

Um Allerheiligen kalt und klar,
macht auf Weihnacht alles starr.

Ob der Winter kalt oder warm soll sein,
so gehe am Allerheiligentag so fein
in das Gehölz zu einer Buchen;
allda magst du folgendes Zeichen suchen:
Hau einen Span davon und ist er trucken,
so wird ein warmer Winter heranrucken;
ist aber nass der abgehau'ne Span,
so kommt ein kalter Winter auf den Plan.

2. November: Allerseelen

Schon seit dem 2. Jahrhundert ist das christliche Gedenken der Toten bezeugt. Der Allerseelentag als Gedenktag für alle Verstorbenen entstand im Jahr 998 in der Abtei von Cluny und breitete sich seit dem 11. Jahrhundert bald in der ganzen Kirche des Abendlandes aus.

Hat Allerseelen Sonnenschein,
wird Martini [11. 11.] umso kälter sein.

Haben die Armen Seelen kalt,
wintert es recht bald.

Der Allerseelentag
drei Tropfen Regen mag.

Allerseelen kalt und klar –
Weihnachten alles starr.

3. November: hl. Hubertus

Hubert (655–727) wurde 705 der Nachfolger des hl. Lambert als Bischof von Tongern-Maastricht. 715 verlegte er den Bischofssitz nach Lüttich. Auf ihn wurde die ursprünglich dem hl. Eustachius zugeschriebene Legende von der Erscheinung eines Hirsches mit einem leuchtenden Kreuz im Geweih übertragen. Er ist Patron der Jäger, Forstleute, Schützen, Kürschner, Gießer, Metallarbeiter, Drechsler, Metzger und Optiker, Fabrikanten mathematischer Geräte, Mathematiker, Schellenmacher, der Jagdhunde und Schützengilden, gegen Schlaflosigkeit, Tollwut der Hunde, Hunde- und Schlangenbiss, Fieber, Krämpfe, Wundrose, Zahnschmerzen, Kopfweh, Mondsucht und Viehkrankheiten sowie bei Wasserscheu.

> Bringt St. Hubertus Schnee und Eis,
> bleibt's den ganzen Winter weiß.

> Wie Hubertus kommt,
> es den Jäger frommt.

4. November: hl. Karl Borromäus

Karl Borromäus (1538–1584) war eine bedeutende Gestalt der Gegenreformation und Erzbischof von Mailand. Ein besonderes Anliegen war ihm die Reform des Klerus und die geistliche Erneuerung des Volkes. Er ist Patron der Seelsorger, Katecheten, Katechumenen und der Seminaristen sowie gegen die Pest.

> Wenn's an Karolus stürmt und schneit,
> dann lege deinen Pelz bereit
> und heiz' im Ofen wacker ein –
> bald zieht die Kälte bei dir ein.

6. November: hl. Leonhard

Leonhard (um 500–559?) soll er aus fränkischem Adel stammen und vom hl Remigius getauft worden sein. Er hat sich in die Einsamkeit von Limoges zurückgezogen und dort ein Kloster gegründet. Im süddeutsch-österreichischen Raum wurde er zu einem der beliebtesten Volksheiligen. Er ist Patron der Bauern und des Viehs, vor allem der Pferde, der Ställe, Stallknechte, Fuhrleute, Schmiede, Schlosser, Wasserträger, Lastenträger und Böttcher, Kesselschmiede, Obsthändler, Bergleute, der Wöchnerinnen, Gefangenen, für alle Anliegen der Bauern, gute Geburt sowie bei Entbindungen, gegen Kopfschmerzen, Geistes- und Geschlechtskrankheiten.

Wenn Sankt Leonhard schneit,
ist der Winter nicht mehr weit.

Wenn auf Leonhardi Regen fällt,
ist's mit dem Weizen schlecht bestellt.

Wie's Wetter an Lenardi ist,
bleibt's bis Weihnachten gewiss.

Nach der vielen Arbeit Schwere,
an Leonhard die Rösser ehre.

Wenn Leonhard zu Ehren man reitet,
der Winter über die Schwelle schreitet.

Wolken an Sankt Leonhardstag –
der Winter stürmisch werden mag.

11. November: hl. Martin

Martin (316–397) wurde in Sabaria (Steinamanger, heute Szombathely, Westungarn) als Sohn eines römischen Tribunen geboren und trat ebenfalls in den römischen Heeresdienst ein. Nach einer Legende soll er am Stadttor von Amiens einem frierenden Bettler die Hälfte seines Umhangs gegeben haben. 370/71 wurde er gegen seinen Willen zum Bischof von Tours gewählt. Er wurde zu einem volkstümlichen Heiligen, dessen Verehrung sich vor allem im letzten Drittel des 20. Jahrhunderts vor allem durch Bräuche bei Kindern (Martinszüge) steigerte. Er ist Patron der Soldaten, Kavalleristen und Reiter, Polizisten, Huf- und Waffenschmiede, Weber, Gerber, Schneider, Gürtel-, Handschuh- und Hutmacher, Tuchhändler, Ausrufer, Hoteliers und Gastwirte, Kaufleute, Bettler, Bürstenbinder, Hirten, Böttcher, Winzer, Müller, der Reisenden, Armen, Flüchtlinge, Gefangenen und der Abstinenzler, der Gänse, gegen Ausschlag, Schlangenbiss und Rotlauf sowie für das Gedeihen der Feldfrüchte.

Bleibt vor Martini Schnee schon liegen,
wird man gelinden Winter kriegen.

Martiniwein –
saurer Wein.

Sankt Martin weiß –
nichts mehr von heiß.

Sankt Martin –
Feuer im Kamin.

Wenn auf Martini Regen fällt,
ist's um den Weizen schlecht bestellt.

Wenn um Martini Nebel sind,
so wird der Winter meist gelind.

An Martini Sonnenschein,
tritt ein kalter Winter ein.

Sankt Martin setzt sich schon mit Dank
am warmen Ofen auf die Bank.

St. Martin kommt nach alten Sitten
zumeist auf einem Schimmel[20] geritten.

Ist's um Martini nicht trocken und kalt,
im Winter die Kälte nicht lange anhalt.

Martinstag trüb und lind,
ist der Winter lieb Kind.

Hat Sankt Martin weißen Bart,[21]
wird der Winter lang und hart.

Ist's an Martini hell,
kommt der Winter schnell.

---

20 Bedeutet Schnee.
21 Bedeutet Schnee.

November

Den Martin und den Andreas
[30. 11.]
sieht man lieber dürr als nass.

Wolken am Martinstag,
der Winter unstet werden mag.

Wenn die Martinigänse auf dem
Eise geh'n,
muss das Christkind im
Schmutze steh'n.

Mit den Federn der Martinsgans
beginnt meist auch der
Schneeflockentanz.

Sankt Martin dunkel –
Weihnachten Sternengefunkel.

Ist Martini trüb und feucht,
wird gewiss der Winter leicht.

Wenn das Reblaub nicht vor
Martini abfällt,
ist ein harter Winter
bestellt.

Zu Martin Laub an Bäumen und
Reben –
wird's einen strengen Winter
geben.

Wenn's Laub nicht vor
Martini fällt,
kommt eine große
Winterkält.

Ist es an Martini trüb,
wird der Winter auch nicht lieb.

Um Martini schlachtet der Bauer
sein Schwein,
das muss bis zu Lichtmess
gegessen sein.

Kommt Martini heran,
hat der Bauer das Dreschen
getan.

Sankt Martin ist ein guter Mann –
er bringt die Bratgans uns heran.

Um Martin haben wir genug –
eine Gans in der Schüssel und
Wein im Krug.

Bei fetter Gans und Saft der
Reben
lass den heil'gen Martin
leben!

Kehrt Martini ein,
ist jeder Most schon Wein.

Schneit es über Martini ein,
wird eine weiße Weihnacht sein.

Ist's Brustbein an der
Martinigans braun,
wirst du bald viel Schneefall
schau'n.

Ist's Brustbein der Martinigänse
weiß,
hat's keinen Mangel an Schnee
und Eis.

Wie St. Martin führt sich ein,
soll zumeist der Winter sein.

Der Sommer, den St. Martin
beschert,
drei volle Tage und ein bisschen
währt.

Macht St. Martin ein böses
Gesicht,
so taugt der ganze Winter nicht.

Kommt St. Martin mit
Winterkält,
ist's gut, wenn bald ein Schnee
einfällt –
man hat ihn lieber dürr als nass,
so hält sich's auch mit Andreas.

Trübem Sankt Martinstag
kein strenger Winter folgen mag;
ist er aber hell und rein,
richt' für große Kält' dich ein!

St. Martin ist ein harter Mann
für den, der nicht bezahlen kann.

Ist es um Martin trüb',
wird der Winter gar nicht lieb.

Martinstag trüb, macht den
Winter lind und lieb;
ist er hell, macht er das Wetter
zur Schell!

Nach Martinitag viel Nebel sind,
so wird der Winter meist gelind.

Ist St. Martin hell,
wird er kalt für Äll'.

Wie St. Martin führt sich ein,
soll zumeist der Winter sein.

Ist um Martini der Baum
schon kahl,
macht der Winter keine Qual.

St. Martin weiß,
Winter lang und kalt.

St. Martins Sommer
währt nicht lange.

Ist Martini klar und rein,
bricht der Winter bald herein.

12. November: hl. Martin I.

Martin I. (7. Jh.–655) wurde 649 zum Papst gewählt. Er verurteilte die Lehre des Monotheletismus (Jesus hätte keinen menschlichen Willen gehabt) und zog sich damit den Unwillen des oströmischen Kaisers Konstans II. zu. Martin wurde 653 zum Tode verurteilt und dann zur Verbannung auf die Krim begnadigt, wo er unter unsäglichen Drangsalen starb. Seit der Kalenderreform 1969/70 ist der 13. April sein Gedenktag.

So wie Martin es will,
zeigt sich dann der ganze April.

15. November: hl. Leopold

Der Babenberger Leopold III., Markgraf von Österreich (1075–1136), führte seine Regierungsgeschäfte mit großer Klugheit und lenkte sein Land geschickt durch die Wirren des Investiturstreites, bei dem er auf Seiten des Papstes stand. Aus seiner Ehe mit Agnes, einer Tochter Kaiser Heinrichs IV., gingen 18 Kinder hervor. Er gründete die Zisterzienserabtei Heiligenkreuz bei Wien und das Augustiner Chorherrenstift Klosterneuburg. Er ist Patron der Winzer.

*Der heilige Leopold
ist dem Altweibersommer hold.*

15. November: hl. Albertus Magnus

Albert (um 1200–1280) gilt als der größte deutsche Philosoph und Theologe des Mittelalters und war Dominikaner. Nach seinen Studien wirkte er als theologischer Lehrer u. a. in Köln. Von 1260–1262 war er Bischof von Regensburg und dann Kreuzzugsprediger. 1270 kehrte er nach Köln zurück, wo er auch starb. In Österreich ist wegen des hl. Leopold sein Gedenktag am 16. November. Er ist Patron der Theologen, Philosophen, Naturwissenschaftler, Medizintechniker, Studenten und Bergleute.

*An Albertus Sonne,
im Winter wenig Wonne.*

*An Albertus Sonnenschein –
tritt ein harter Winter ein.*

16. November: hl. Otmar

Otmar (um 689–759) gilt als Erbauer des Klosters St. Gallen (Schweiz) und als dessen erster Abt. Er wurde später aufgrund von Verleumdungen abgesetzt und verurteilt, konnte jedoch entkommen. Er ist Patron der Winzer sowie gegen Kinderkrankheiten und Krankheiten allgemein.

> Um Sankt Otmar
> es gern schneien mag.

> Um Sankt Otmar und Sankt Gallen [16. 10.]
> gern die ersten Flocken fallen.

17. November: hl. Salome

Salome, auch Salomea, (1210–1268) war die Tochter des Herzogs von Krakau und ehelichte einen ungarischen Prinzen. Nach dessen Tod trat sie in ein polnisches Klarissenkloster ein, dessen Äbtissin sie wurde.

> Sankt Salome
> bringt Reif und Schnee.

> Tummeln sich an Salome die Haselmäuse,
> so ist es weit mit des Winters Eise.

17. November: hl. Gertrud von Helfta

Gertrud (1256–1302) lebte seit ihrem fünften Lebensjahr im Zisterzienserinnenkloster Helfta. Sie war eine der großen Mystikerinnen des Mittelalters. Ihr Gedenktag ist eigentlich der 16. November (Todestag), im deutschen Sprachraum jedoch dieser Tag.

> Tummeln sich an Gertrud Haselmäuse,
> so ist es weit mit des Winters Eise.

19. November: hl. Elisabeth

Elisabeth (1207–1231) war die Tochter des ungarischen Königs Andreas II. und seiner Gemahlin Gertrud von Andechs. Mit 14 Jahren wurde sie mit Landgraf Ludwig IV. von Thüringen vermählt. Sie kümmerte sich großzügig um Arme und Kranke. Sehr bekannt ist die Legende vom „Rosenwunder". Völlig entkräftet starb sie – bereits verwitwet – mit 24 Jahren. Wegen ihrer großen Nähe zu Gott wird sie auch als Mystikerin verehrt. Ihr Gedenktag ist eigentlich der 17. November, im deutschen Sprachraum ist es der 19. November. Sie ist Patronin der Witwen und Waisen, Bettler, Kranken, unschuldig Verfolgten und Notleidenden, der Bäcker, Sozialarbeiter und Spitzenklöpplerinnen sowie des Deutschen Ordens und der Caritas-Vereinigungen.

> Sankt Elisabeth sagt an,
> was der Winter für ein Mann.

> Es kündigt die Elisabeth,
> was für ein Winter vor uns steht.

21. November: Mariä Opferung

Der marianische Gedenktag „Unserer Lieben Frau in Jerusalem", wie er offiziell heißt, verdankt seinen Ursprung vermutlich der Weihe der Kirche S. Maria Nova in Jerusalem am 21. November 543. Das spätere „Gedächtnis der Darstellung der sel. Jungfrau Maria" geht auf eine legendenhafte Erzählung im apokryphen Jakobusevangelium zurück. Dieser zufolge soll Maria mit drei Jahren durch ihre Eltern Anna und Joachim dem Tempel von Jerusalem übergeben worden sein, um für Tempeldienste ausgebildet zu werden. Seit dem 6. Jahrhundert wird im Osten ein solches Fest gefeiert. In Rom wurde es in der Folge unter dem Titel „Mariä Opferung" (*In Praesentatione B. M. V.*) gefeiert, was historisch gesehen nicht nachweisbar ist. Die neue Bezeichnung „Gedenktag Unserer Lieben Frau von Jerusalem" ist bemüht, an den Aufenthalt Marias in Jerusalem anzuknüpfen.

> Wenn an Mariä Opferung die Bienen fliegen,
> werden wir ein Hungerjahr kriegen.

> Mariä Opferung klar und hell,
> macht den Winter streng und ohne Fehl.

> Mariä Opferung klar und hell,
> naht ein strenger Winter schnell.

Mariä Opferung hell und rein,
bringt einen harten Winter rein.

Mariä Opferung schön bestellt,
dass die Biene Ausflug hält –
so ist das nächste Jahr fürwahr,
ein böses, teures Hungerjahr.

Mariä Opferung klar und hell,
gibt's im Winter Wolfsgebell.

22. November: hl. Cäcilia

Über Cäcilia (um 200–230?) wissen wir nur aus Legenden. So soll sie im 3. Jahrhundert den Märtyrertod erlitten haben. Ihre Verbindung mit der Kirchenmusik entstand vermutlich durch einen Übersetzungsfehler, nach dem sie auf ihrer Hochzeit selbst die Wasserorgel gespielt oder gesungen haben soll. Sie ist Patronin der Kirchenmusik sowie der Organisten, Orgelbauer, Instrumentenmacher, Sänger, Musiker und Dichter.

Wenn's Sankt Cäcilia schneit,
hält der Winter sich bereit.

Die heilige Cäcilie mit Dank,
setzt sich auf die Ofenbank.

Wenn es an Cäcilia schneit,
ist der Winter nimmer weit.

Cäcilia im weißen Kleid,
erinnert an die Winterzeit.

Simon und Juda [28. 10.] kein Wind, kein Regen da –
bringt ihn nun Cäcilia.

23. November: hl. Klemens

Klemens (Clemens) I. (um 50–97 oder 101) war von 92–101 der vermutlich dritte Nachfolger des Petrus als Gemeindevorsteher von Rom. Nach der Legende wurde er von Kaiser Trajan zur Zwangsarbeit in die Marmorsteinbrüche auf der Krim verbannt und soll dort mit einem Anker um den Hals ins Meer gestürzt worden sein. Er ist Patron der Seeleute, Hutmacher, Bergleute, Steinmetze, Marmorarbeiter, in der Steiermark der Holzfäller, der Kinder, bei Sturm und Gewitter sowie gegen Wassergefahren und Kinderkrankheiten.

Dem heil'gen Klemens traue nicht,
denn selten zeigt er mild's Gesicht.

Sankt Klemens uns den Winter bringt,
Sankt Petri Stuhl [21. 2.] dem Frühling winkt,
den Sommer bringet Sankt Urban [25. 5.],
der Herbst fängt um Sankt Barthel [24. 8.] an.

23. November: hl. Kolumban

Kolumban (543–615) war ein irischer Missionar. 591 zog er nach Gallien und gründete dort Klöster. Als er den burgundischen König Theuderich II. tadelte, weil dieser im Konkubinat lebte, zog er weiter rheinaufwärts und wirkte in der Gegend am Bodensee. Dann wanderte er weiter nach Oberitalien, wo er bis zu seinem Tode lebte. Er ist Patron gegen Geisteskrankheiten und Überschwemmungen.

Sankt Kolumban
kündigt den Winter an.

25. November: hl. Katharina von Alexandria

Katharina (3. Jh.–um 300) soll unter Kaiser Maxentius in Alexandria das Martyrium erlitten haben. Mit der hl. Barbara [4. 12.] und der hl. Margareta [20. 7.] gehört sie zu den „Drei heiligen Jungfrauen". Außerdem zählt sie zu den Vierzehn Nothelfern. Von ihrem Leben und Sterben weiß man nur aus Legenden. Sie gilt als Märtyrerin. Sie ist Patronin der Mädchen, Jungfrauen, Nonnen, Heiratswilligen und Ehefrauen, im Mittelalter der Ritter, der Ammen, Mägde, Philosophen, Theologen und Gelehrten, Lehrer und Studenten, Redner und Advokaten, Bibliothekare, Wagner, Müller, Bäcker, Töpfer, Gerber, Spinner, Tuchhändler, Seiler, Schiffer, Buchdrucker, Sekretäre, Anwälte, Notare, Waffenschmiede, Schuhmacher, Friseure, Näherinnen, Scherenschleifer und aller Berufe, die mit Rädern zu tun haben, der Krankenhäuser, der Hochschulen und Bibliotheken, der Feldfrüchte, bei Migräne, Kopfschmerzen und Krankheiten der Zunge sowie für die Auffindung Ertrunkener.

Wie's um Katharina,
trüb oder rein,
so wird der nächste Hornung[22]
sein.

Schafft Katharina vor Frost sich Schutz,
so watest du lange draußen im Schmutz.

Katharinenwinter –
ein Plagwinter.

Wie der Tag zu Sankt Kathrein,
wird auch der Neujahrstage sein.

Ist an Kathrein das Wetter matt,
kommt im Frühjahr spät das Blatt.

Ist's wolkig am Katharinentag,
gedeihen Bienen gut danach.

Ist's an Kathrein schön,
wird der Februar angenehm.

Sankt Kathrein
lässt den Winter rein.

Sankt Kathrein
will weiß gekleidet sein.

Kathrein
treibt die Schafe rein.

Kathreine
hält den Winter im Schreine.

Sankt Kathrein
stellt den Tanz ein.

Wenn kein Schneefall auf Kathrein is',
auf Sankt Andreas [30. 11.] kommt er g'wiss.

---

22 Februar.

Wie dieser Tage an Kathrein,
solch Wetter wird im Jänner
sein.

Wie das Wetter an Sankt
Kathrein,
wird es den ganzen Winter
sein.

Der Konrad [26. 11.] und auch die
Kathrein,
die knien sich bald in den Dreck
hinein.

Wer eine Gans zum Essen mag,
beginn' sie zu mästen am
Kathreinstag.

26. November: hl. Konrad von Konstanz

Konrad (um 900–975) wurde 934 zum Bischof von Konstanz gewählt. Einen großen Teil seines Vermögens gab er zur Einrichtung von Kirchen und Hospitälern aus.

Der Koni
gheit gärn i Dräck i.

Selten steht ein Mühlenrad
am Tag von Sankt Konrad.

An Konrad steht kein Mühlenrad,
weil der ja immer Wasser hat.

Der Konrad und auch die Kathrein [25. 11.],
die knien sich bald in den Dreck hinein.

29. November: hl. Saturnin

Saturninus († nach 250) war der erste Bischof von Toulouse, wo er von einem wilden Tier zu Tode geschleift wurde. Er ist Patron gegen Kopfschmerzen, Schwindel, Blattern, Pest, Todesangst und Ameisenplage sowie für eine gute Sterbestunde.

An Saturnin
zieht der Herbst dahin.

30. November: hl. Apostel Andreas

Andreas war zuerst ein Jünger von Johannes dem Täufer und wurde durch ihn zu Jesus geführt. Anschließend brachte er seinen Bruder Petrus zu Jesus und gehörte zum engeren Jüngerkreis. Später wirkte er in den Gebieten um das Schwarze Meer und in Griechenland. Am 30. November 60 oder 62, so wird übereinstimmend berichtet, soll er in Patras das Martyrium erlitten haben. Der Legende nach geschah das an einem X-förmigen Kreuz (Andreaskreuz). Er ist Patron der Fischer und Fischhändler, Bergleute, Seiler, Metzger und Wasserträger; für Ehevermittlung, Eheglück und Kindersegen; gegen Gicht, Halsschmerzen, Krämpfe und Rotlauf (Andreaskrankheit) sowie des Ordens vom Goldenen Vlies.

Andreas hell und klar
bringt ein gutes Jahr.

Andreasschnee
tut Korn und Weizen weh.

Hält St. Andrä den Schnee
zurück,
so schenkt er reiches
Saatenglück.

Schnee am St. Andreastag
hundert Tage liegen mag.

Andreasschnee kann lange
liegen,
Hubertusschnee [3. 11.] im
Graben versiegen.

Topf und Fass füllt Andreas und
Walpurgis [25. 2.] schaut ihm
auf den Grund.

Nach Andris
ist der Winter g'wiss.

Andreasschnee
tut hundert Tage weh.

Der Andreasschnee liegt oft
hundert Tage,
wird für Klee und Korn dann
eine Plage.

Andres bloß
macht den Laib groß.

So schau in der
Andreasnacht,
was für Gesicht das Wetter
macht;
so wie es ausschaut, glaub's
fürwahr,
bringt's gutes oder schlechtes
Jahr.

Wirft herab Andreas Schnee,
tut's dem Korn und Weizen weh.

Andreasschnee
tut den Saaten weh.

November

Es verrät dir die
Andreasnacht.
was wohl das Wetter
so macht.

St. Andreas macht das Eis.
St. Georg [23. 4.] bricht das Eis.

St. Andreis –
macht uns den Winter weiß,

Wenn kein Schneefall auf
Kathrein [25. 11.] ist,
auf Sankt Andreas kommt er
g'wiss.

*Ist die Christnacht hell und klar,
folgt ein höchst gesegnet' Jahr.*

Dezember

Christmonat Julmond, Heilmond, Christmond, Dustermond

Dezember, zwölfter und letzter Monat im Jahr mit 31 Tagen, war nach dem Römischen Kalender der zehnte Monat, dessen Name sich von lat. *decem* (zehn) ableitet. Der altdeutsche, von Kaiser Karl I. dem Großen vorgeschlagene Name des Monats ist Heilagmanoth (heiliger Monat) und bezieht sich auf die Geburt des Heilandes. Zur Erinnerung an die Geburt Christi und das Weihnachtsfest erhielt dieser Monat auch den Namen Christmonat. Auf den 21. oder 22. Dezember fällt Winters Anfang, der kürzester Tag und die längste Nacht des Jahres.

Im bäuerlichen Arbeitsjahre verbrachten die Männer im Dezember viel Zeit damit, die im Wald vorbereiteten Fichten- und Tannenäste sowie die Bodenstreu auf den Hof zu bringen. Je nach Wetterlage konnte man nicht mehr mit dem Wagen fahren, sondern musste dafür den Pferdeschlitten einspannen. Die ausgegrabenen Baumstrünke wurden zur Heizung der Öfen vorbereitet: Man sprengte sie und hackte sie auf. Bei schlechtem Wetter gab es keine Ruhepausen, sondern reichlich Beschäftigung im Hause: Frauen und Männer hatten in Stube, Stall und Scheune allerlei auszubessern, zu ordnen und nachzusehen. Im Bauerngarten konnte man an frostfreien Tagen noch Meerrettich und Topinambur[23] ernten. In der Vorratskammer wurde Angefaultes aussortiert, damit das übrige Obst und Gemüse heil über den Winter kommt.

---

23 Zählt botanisch zur Familie der Korbblütler und zur selben Gattung wie die Sonnenblume. Sie ist ein Wurzelgemüse und eine Nutzpflanze, deren Sprossknolle für die Ernährung genutzt werdeb kann.

Im Dezember soll der Frost klirren,
dann macht der Sommer keine Wirren.

Ist's im Dezember noch warm,
häng' den Mantel an'n Arm.

Je näher jetzt die Hasen dem Dorfe
rücken,
desto ärger des Eismonds
Tücken.

Je stärker im Wald die Bäume
knacken,
je härter wird der Winter den Dezember
packen.

Dezember kalt mit Schnee,
tut dem Ungeziefer weh.

Je fetter die Vögel und Dachse sind,
desto kälter erscheint das Christuskind.

Wie der Dezember pfeift,
so der Juni geigt.

Kalter Christmonat mit viel Schnee,
bringt viel Korn auf Berg und Höh'.

Wenn Dezember dunkel war,
folgt meist ein gutes Jahr.

Ist der Dezember mild mit
vielem Regen,
dann hat das nächste Jahr sehr
wenig Segen.

Stellt der Dezember nass sich dar,
ist's traurig für das nächste Jahr.

Dezemberwind aus Ost,
bringt Kranken schlechten Trost.

Je trüber das Wetter bei
Dezemberschnee,
je besseres Jahr in Aussicht steh'.

Dezember veränderlich und lind,
der ganze Winter ein Kind.

Glatter Pelz am Christmond Wilde,
dann wird der Winter sicher milde.

Je dunkler es über Dezemberschnee war,
desto mehr Segen im künftigen Jahr.

Auf kalten Dezember mit reichlich
Schnee,
folgt ein fruchtbares Jahr mit viel
Klee.

Kalter Dezember und fruchtreich Jahr,
sind vereinigt immerdar.

Herrscht im Advent recht strenge Kält',
sie volle achtzehn Wochen hält.

Donner im Winterquartal,
bringt kalte Tage ohne Zahl.

Donnert's im Dezember gar,
kommt viel Wind das nächste Jahr.

Wenn's im Dezember nicht Wintern tut,
so wird der Sommer selten gut.

Hat die Dezembersonn' morgens ihren
Schein,
bringt das nächste Jahr viel
Wein.

Gefriert im Dezember der
Weinstock ein,
kann er härter als ein
Fichtenbaum sein.

Dezember

Bleibt im Dezember der Winter fern,
nachwintert es gern.

Es folgt allzeit und immerdar
auf kalten Dezember ein fruchtbar Jahr.

Im Dezember Schnee und Frost,
das verheißt viel Korn und Most.

Dezember kalt mit Schnee, seufzt keiner:
„O weh!"
Dezember warm, dass Gott erbarm!

Wenn Donner im Dezember hausen,
das nächste Jahr viel Winde brausen.

Bringt Dezember Kält' und Schnee ins Land,
dann wächst das Korn gut, selbst auf Sand.

Wenn der Wind zu Vollmond tost,
folgt ein langer, kalter Frost.

Bricht jetzt der Spatz in Pfützen ein,
wird's ein milder Christmond sein.

Wie's friert im Advent,
die Erntesonne brennt.

Fließt jetzt noch der Birkensaft,
dann kriegt der Winter keine Kraft.

Eine gute Decke Dezemberschnee
bringt's Winterkorn in die Höh'.

Sturm im Dezember und viel Schnee,
dann schreit der Bauer gern Juchhe.

Weißer Dezember, viel Kälte darein,
bedeutet, das Jahr wird fruchtbar sein.

Im Dezember sollen Eisblumen blüh'n.
Weihnachten sei nur auf dem Tische grün.

Ein dunkler Dezember bringt ein gutes Jahr,
ein nasser aber macht es unfruchtbar.

Wenn Winde wehen im Advent,
wird uns reiche Ernt' geschenkt.

Christmond im Dreck,
macht der Gesundheit ein Leck.

Wenn der Christmond bricht,
ist der Dezember ein Wicht.

Bei Winternebel bringt Ostwind Tau,
der Westwind trägt ihn aus der Au.

Viel Wind und Nebel in den Dezembertagen
will schlechten Frühling und übles Jahr ansagen.

Wenn man den Dezember soll loben,
so muss er frieren und toben.

Kälte in der ersten Adventswoche,
hält zehn Wochen.

Hasen im tiefen Dezemberschnee,
laben sich zu Ostern am grünen Klee.

Stürmt es viel zur Weihnachtszeit,
hält der nächste Sommer viel Obst bereit.

Ist's an Weihnachten kalt,
kommt das Frühjahr bald.

Dezember dunkel, nicht sonnig klar,
verheißt ein gutes, fruchtbares Jahr;
ein nasser macht es unfruchtbar.

Donnert's im Advent,
der Raps danach verbrennt.
Der Wind und auch der Regen,
werden sich sobald nicht legen.

Lostage im Dezember

1. Dezember: hl. Eligius

Eligius (um 588–660) war zuerst Goldschmied und Münzmeister bei Merowingerkönigen. 639 wurde er Priester und kurz danach Bischof von Tours sowie 641 Bischof von Noyon. Er ist Patron der Knechte und Bauern, der Gold-, Silber- und Hufschmiede, Schmiede, Schlosser, Metallarbeiter, Bergleute, Büchsenmacher, Münzmeister, Uhrmacher, Lampenmacher, Korbmacher, Graveure, Wagner, Kutscher, Kutschenbauer, Sattler, Pferdehändler und Tierärzte, der Pächter, der Pferde sowie gegen Pferdekrankheiten.

> Hat Eligius kalt,
> wird der Winter alt.

> Fällt auf Eligius ein kalter Wintertag,
> die Kälte noch vier Wochen halten mag.

2. Dezember: hl. Bibiana

Bibiana (um 352–367) erlitt und Kaiser Julian Apostata das Martyrium. Sie ist Patronin gegen Kopfschmerzen, Krämpfe, Epilepsie, Fallsucht, Trunksucht und Unfälle.

> Regnet's am Bibianstag,
> regnet's 40 Tage und eine Woche danach.

> Gibt's Regen am Bibianatag,
> es noch vierzig Tage regnen mag.

> Bibiana kalt mit Schnee –
> niemand sagt oweh.

3. Dezember: hl. Franz Xaver

Franz Xaver (1506–1552) gilt als Begründer der Jesuitenmission und schloss sich 1533 Ignatius von Loyola an. 1541 ging er als päpstlicher Legat nach Goa (Westindien). Von 1549 bis 1552 missionierte er in Japan. Er ist Patron der Missionare, der Mission und aller katholischen Missionen, besonders derer im Osten, der katholischen Presse, der Seefahrer, gegen Sturm und Pest sowie für eine gute Sterbestunde.

> Franz Xaver
> bringt den Winter her.

4. Dezember: hl. Barbara

Barbara (3. Jh.–306?) wurde als jungfräuliche Märtyrerin in Nikomedien (heute İzmit in der Türkei) verehrt. Um ihre Gestalt ranken sich zahlreiche Legenden, es gibt jedoch keine historischen Belege über ihre Lebensgeschichte. Barbara zählt zu den Vierzehn Nothelfern. Nach einem alten Brauch werden an ihrem Gedenktag kahle Zweige („Barbarazweige") ins Wasser gestellt, sodass sie zu Weihnachten blühen. Sie ist Patronin des Bergbaus, der Türme, Festungsbauten und der Artillerie, der Bergleute, Geologen, Architekten, Maurer, Steinhauer, Zimmerleute, Dachdecker, Elektriker, Bauern, Metzger, Köche, Glöckner, Glockengießer, Feuerwehrleute, Totengräber, Hutmacher, Artilleristen, Waffenschmiede, Sprengmeister, Buchhändler, Bürstenbinder, Goldschmiede, Sprengmeister und Salpetersieder; der Mädchen, Gefangenen, Sterbenden, für eine gute Todesstunde sowie gegen Gewitter, Feuersgefahren, Fieber, Pest und jähen Tod.

> Auf Barbara die Sonne weicht,
> auf Luzia [13. 12.] sie wieder
> herschleicht.[24]
>
> Barbara im weißen Kleid
> verkündet gute Sommerzeit.

---

[24] Luzia hatte bis zur gregorianischen Reform den 21. 12., den kürzesten Tag, als Gedenktag. Darauf spielt dieses Lostagsprüche an.

Kirschenzweige schneiden an
Barbara:
Blüten sind zur Weihnacht da.

Knospen an Sankt Barbara,
sind zum Christfest Blüten da.

Geht Barbara im Klee,
kommt's Christkind im Schnee.

Wie der Barbaratag sich stellt,
das Wetter sich am Christtag
hält.

Nach Barbara geht's frosten an,
kommt's früher, ist nicht
wohlgetan.

Geht St. Barbara in Grün,
kommt's Christkindel in Weiß.

St. Barbara mit Schnee,
im nächsten Jahr viel Klee.

Sankt Barbara kalt und mit
Schnee
verspricht viel Korn auf jeder
Höh'.

Gibt Sankt Barbara Regen,
bringt der Sommer wenig
Regen.

Knospen an St. Barbara,
sind zum Christfest Blüten da.

5. Dezember: hl. Gerald

Gerald († 1109) stammte aus der Gascogne (Frankreich) und wurde 1096 Erzbischof von Braga (Spanien).

Zu Sankt Gerald
wird es kalt.

6. Dezember: hl. Nikolaus

Über Nikolaus (270?–342?) wissen wir nur wenig Zuverlässiges, da zahlreiche Legenden, Brauchtum und Geschichte sich überlappen. Nach einer historisch nicht belegbaren Lebensgeschichte war er in der ersten Hälfte des 4. Jahrhunderts Bischof von Myra (heute Demre, Türkei). Noch mehr als der hl. Martin [11. 11.] ist er für Kinder ein fester Bestandteil des vorweihnachtlichen Brauchtums geworden. Er ist Patron der Kinder, der Schüler, Mädchen, Jungfrauen, Frauen mit Kinderwunsch, Gebärenden und alten Menschen, der Ministranten, Feuerwehr, der Pilger und Reisenden, der Sinti und Roma, der Gefangenen, Diebe und Verbrecher, der Eigentümer und Bettler; der Seeleute, Schiffer, Fischer, Flößer, Schiffsbauer, Matrosen und Fährleute, der Kaufleute, Bankiers, Pfandleiher, der Richter, Rechtsanwälte und Notare, der Apotheker, Bauern, Bäcker, Müller, Korn- und Samenhändler, Metzger, Bierbrauer, Schnapsbrenner, Wirte, Weinhändler, Fassbinder, Parfümhersteller und -händler, Schneider, Weber, Spitzen- und Tuchhändler, Knopfmacher, Brückenbauer, Steinmetze, Steinbrucharbeiter, Kerzenzieher, für glückliche Heirat und Wiedererlangung gestohlener Gegenstände sowie gegen Wassergefahren, Seenot und Diebe.

Sankt Niklas beschert die Kuh,
gibt aber nicht den Strick dazu.

Regnet's an Sankt Nikolaus,
wird der Winter streng und graus.

Trockener Nikolaus,
milder Winter rund um's Haus.

Sankt Nikolaus
spült die Ufer aus.

Fließt Nikolaus noch Borkensaft,
dann kriegt der Winter keine Kraft.

8. Dezember: Mariä Empfängnis

Hochfest der ohne Erbsünde empfangenen Jungfrau und Gottesmutter Maria – Maria Unbefleckte Empfängnis. Im Dogma von der Unbefleckten Empfängnis Mariens (*immaculata conceptio*) heißt es: Maria ist „vom ersten Augenblick ihrer Empfängnis an [...] von jeglichem Makel der Ursünde bewahrt". Der 8. Dezember als Datum für dieses Fest bestimmt sich durch das Datum des älteren Festes Mariä Geburt am 8. September. Maria ist an diesem Tag Patronin der Tuchscherer, Böttcher und Tapezierer.

Wird's am Frauentag erst kalt,
bleibt der Schnee, bis dass er alt.

Maria im weißen Kleid
sagt an die Winterzeit.

Zu Mariä Empfängnis Regen
bringt dem Heu keinen Segen.

11. Dezember: hl. Damasus

Damasus I. (um 305–384) wurde 366 zum Bischof von Rom gewählt. Er beauftragte Hieronymus mit einer neuen lateinischen Bibelübersetzung (Vulgata), die bis heute maßgeblich geblieben ist. Er ist Patron gegen das Fieber.

Sankt Damasus
macht mit dem Nebel Schluss.

13. Dezember: hl. Lucia

Lucia (Luzia) (um 286–310?) wurde in Sizilien geboren, aber über ihr Leben gibt es nur Legenden. Sie habe die Jungfräulichkeit gelobt und unter Kaiser Diokletian den Märtyrertod erlitten. Eine Legende erzählt, sie habe den Christen in den Katakomben Lebensmittel gebracht. Um beide Hände frei zu haben, habe sie auf dem Kopf einen Kranz mit brennenden Kerzen getragen. An diese Legende erinnert in Schweden am Luziatag der Brauch der Lichtträgerinnen. Sie zählte schon im Mittelalter zu den beliebtesten Heiligen. Sie ist Patronin der Armen, Blinden, reuigen Dirnen, kranken Kinder; der Bauern, Glaser, Weber, Sattler, Polsterer, Schneider, Näherinnen, Elektriker, Messerschmiede, Kutscher, Pedellen, Dienerinnen, Hausierer, Torhüter, Schreiber, Notare, Anwälte sowie gegen Augenleiden, Blindheit, Halsschmerzen, Ruhr, Blutfluss, Infektionskrankheiten und Kinderkrankheiten.

An Barnabas [11. 6] die Sonne weicht,
an Lucia wieder her sie schleicht.[25]

Sankt Luzen
macht den Tag stutzen.

Sankt Lucia kürzt den Tag,
soviel sie stutzen mag.

An Sankt Lucia
ist der Abend dem Morgen nah.

Von Luzia bis zur heiligen Nacht
der Tag sich einen Hahnenschrei länger macht.

Sankt Luzen
macht den Tag stutzen;
dann hebt er wieder an zu langen,
und die Kälte kommt gegangen.

Kommt die heil'ge Lucia
findet sie schon Kälte da.

Zu St. Lucia werden Weichselzweige g'schnitt'n,
die blüh'n nach vier Wochen, so will's die Sitt'n.

Wenn Lucia die Gans geht im Dreck,
so geht sie am Christtag auf Eis.

16. Dezember: hl. Adelheid

Adelheid (931/32–999) war die Tochter König Rudolfs II. von Hochburgund. Nachdem ihr erster Mann verstorben war, ehelichte sie 951 König Otto I. 962 wurde sie zusammen mit ihm in Rom zur Kaise-

---

25 Luzia hatte bis zur gregorianischen Reform den 21. 12., den kürzesten Tag, als Gedenktag. Darauf spielen dieser als auch die folgenden Lostagssprüche an.

rin gekrönt. Nach dem Tod ihres Sohnes Kaiser Otto II. wurde sie zusammen mit ihrer Schwiegertochter Theophanu Regentin für den minderjährigen Otto III. Sie gründete zahlreiche Klöster sowie Kirchen und kümmerte sich um Arme. In der Verehrung wurde sie bald zum Vorbild der christlichen Ehefrau.

> Adelheid im weißen Kleid,
> verkündet gute Sommerzeit.

> Um die Zeit von Adelheid,
> da macht sich gern der Winter breit.

> Die Adelheid liebt weiße Flocken,
> so bleibt die Erde selten trocken.

> Um Adelheid, da kommt der Schnee,
> der tut der Wintersaat nicht weh.

17. Dezember: hl. Lazarus

Lazarus war der Bruder von Maria und Martha in Bethanien und wurde von Jesus von dem Toten auferweckt (Johannes 11, 1–45). Der Überlieferung nach soll er nach Larnaka (Zypern) gezogen und dort von Paulus zum Bischof eingesetzt worden sein. Seit der Kalenderreform 1969/70 ist sein Gedenktag zusammen mit seinen Schwestern Maria und Martha am 29. Juli. Er ist Patron der Metzger; der Totengräber, Bettler, Aussätzigen und der Leprosenhäuser.

> Ist St. Lazarus nackt und bar,
> gibt's einen gelinden Februar.

> Ist Sankt Lazar nackt und bar,
> gibt's ein schönes neues Jahr.

18. Dezember: hl. Wunibald

Wunibald (701–761) war der Neffe des hl. Bonifatius (Winfried), der ihn 738 nach Deutschland holte und ihn bei der Mission zuerst in Thüringen und dann in Bayern einsetzte. Er gründete im Bistum Eichstätt das Benediktinerkloster Heidenheim (Mittelfranken), wo er dann Abt war. Er ist Patron der Brautleute und der Bauarbeiter.

> Um Sankt Wunibald
> wird es gerne kalt.

21. Dezember: hl. Apostel Thomas

Thomas gehörte zum Kreis der Zwölf Apostel. Aufgrund des Berichtes im Johannesevangeliums (20,24–29) bekam er das Attribut „der Ungläubige". Der Überlieferung zufolge war er als Missionar in Indien tätig, wo er den Märtyrertod erlitt. Bis zur Gregorianischen Kalenderreform 1582 war an diesem Tag der Gedenktag der hl. Lucia (nun 13. Dezember). Seit der Kalenderreform 1969/70 ist der 3. Juli der Gedenktag für den Apostel Thomas. Er ist Patron der Architekten, Geometer, Maurer, Zimmerleute, aller Bauarbeiter, der Steinhauer, Feldmesser und – wegen seiner Zweifel – der Theologen; bei Rückenschmerzen und Augenleiden sowie für gute Heirat.

> Wenn Sankt Thomas dunkel war,
> gibt's ein schönes neues Jahr.

> St. Thomas bringt die längste Nacht,
> weil er den kürzesten Tag gebracht.

> Friert's am kürzesten Tag,
> vom Felde billig' Korn heimtrag';
> ist es aber lindes Wetter,
> so sind dann auch die Preise fetter.

24. Dezember: Heiligabend – Adam und Eva

Am Heiligen Abend ist der Gedenktag von Adam und Eva, nach Genesis 2 die Stammeltern der Menschheit. Nach einer früh verbreiteten Legende wurde Adam auf Golgota in Jerusalem begraben, und durch das Erdbeben beim Kreuzestod Christi wurde sein Schädel sichtbar. Daher ist bei vielen Kruzifixen und Kreuzigungsszenen ein Totenkopf oder ein ganzes Skelett zu Füßen des Kreuzes dargestellt. Die Kirche sieht in Adam einen Vorfahren Jesu. Daher ist sein Gedenktag am Vorabend des Festes der Geburt des Herrn. Adam und Eva sind Patrone der Gärtner und Schneider.

Wie's Adam und Eva spend't
bleibt's Wetter bis ans End.

Wie's Wetter zu Adam und Eva war,
so bleibt's wohl bis zum End' vom Jahr.

Finst're Metten, lichte Scheune,
helle Metten, dunkle Scheune.

Fallen in der Christnacht Flocken,
wird sich der Hopfen gut bestocken.

Wintert's in der Christnacht aufs Dach,
so wintert's im Frühling nach.

Ist die Christnacht hell und klar,
folgt ein höchst gesegnet' Jahr,

Christnacht lauter und klar,
viel Frucht und Wein verspricht fürwahr.

Wird es in der Christnacht schneien,
kann sich der Hopfenbauer freuen.

Wer sein Holz um d'Christmett fällt,
dem sein Haus wohl zehnfach hält.

Wenn's Christkindlein Tränen weint,
vier Wochen keine Sonne scheint.

25. Dezember: Weihnachten – Geburt des Herrn

Um 335 begann man in Rom, das Weihnachtsfest zu feiern. Der eigentliche Geburtstag Jesu ist nicht bekannt. Dass man das Fest auf den 25. Dezember in die Nähe der Wintersonnenwende (21. Dezember) legte, kann symbolische Bedeutung haben. Die heidnische Gottheit *sol invictus*, der unbesiegbare Sonnengott, deren Festtag zur Wintersonnenwende gefeiert wurde, sollte durch Christus, der als das wahre Licht in die Welt kam, abgelöst werden. Seit dem 6. Jahrhundert kennt die päpstliche Liturgie für die Stadt Rom die Feier des Festes in drei Kirchen: um Mitternacht in Santa Maria Maggiore („Christmette"), am frühen Morgen in Santa Anastasia („Hirtenmesse") und den Hauptgottesdienst am Vormittag in der Petersbasilika.

Wenn es grün ist auf Weihnachten,
wir die Ostern weiß betrachten.

Weihnachten klar,
gutes Weinjahr.

Grünen am Christtag Felder und Wiesen,
wird sie zu Ostern der Frost verschließen.

Hängt zu Weihnachten Eis an den Weiden,
kannst du zu Ostern Palmen schneiden.

Schneller Frost auf starken Regen kommt zur Weihnacht ungelegen.

Weihnachten im Klee,
Ostern im Schnee.

Weihnacht, die im grünen Kleid,
hält für Ostern Schnee bereit.

Weihnachten – rechte Zeit,
wenn es weht und stürmt und schneit.

Ist's ums Christfest feucht und nass,
so gibt es leere Speicher und Fass.

Besser, die Weihnacht knistert,
als dass sie flüstert.

Ist es Weihnachten kalt,
kommt das Frühjahr bald.

Wenn das Christkind ist geboren,
haben die Rüben den Geschmack verloren.

Dezember

Weihnachten frostig, sonnig, klar,
bringt ein günstig Wetterjahr.

Wenn der Christtag schön und klar,
so hofft man auf ein gut' Weinjahr.

Ist Weihnachten gelind,
im Januar die Kälte beginnt.

Wenn's Christkind Regen weint,
vier Wochen keine Sonne scheint.

Ist's zu Weihnachten warm und lind,
kommt zu Ostern Schnee und Wind.

Ist gelind der heilige Christ,
der Winter drüber wütend ist.

Nebel vor Weihnachten ist Brot,
Nebel nach Weihnachten ist Tod.

Weihnachten grün –
Ostern weiß –
Gute Nacht dann, Bauer, deinem Fleiß!

Vom Eise eine Brücke muss
zu Weihnacht haben Bach und Fluss.

Wenn es Weihnachten flockt auf allen Wegen,
bringt es den Feldern reichen Segen.

Ist's windig an den Weihnachtstagen,
werden die Bäume viele Früchte tragen.

Ist es grün zur Weihnachtsfeier,
fällt der Schnee auf Ostereier.

Spielen zu Weihnachten die Mücken,
wird sie zu Johannes [27. 12.] die Kälte zwicken.

Wenn Weihnachten der Mond zunimmt,
dann ist das Jahr drauf gut gesinnt.

Je dicker das Eis um Weihnacht liegt,
je zeitiger der Bauer Frühling kriegt.

Bis Weihnacht gibt es Speck und Brot,
danach kommt Kält' und Not.

Ist die Weihnacht hell und klar,
hofft man auf ein fruchtbar Jahr.

Weihnachten im Schnee,
Ostern im Klee.

Steckt die Krähe zu Weihnacht im Klee,
sitzt sie zu Ostern oft im Schnee.

Bringt das Christkind Kält' und
　　Schnee,
drängt das Winterkorn in die
　　Höh'.

Kommt weiße Weihnacht,
wird der Winter lang
und hart.

Viel Wind in den Weihnachtstagen,
reichlich Obst die Bäume tragen.

25. Dezember bis 6. Januar: Rauhnächte oder die Zwölften

Die Rauhnächte waren Heilige Nächte. In ihnen wurde möglichst nicht gearbeitet, sondern gefeiert und in der Familie gelebt. Zudem galten sie als die wichtigsten Lostage. Jeder Tag ist für einen Monat bestimmt. Sie beginnen in der Nacht vom 25. auf den 26. Dezember und sind wetterbestimmend für den kommenden Januar, der darauf folgende Tag für den Februar usw. Der Lostag wird in vier Abschnitte unterteilt, wovon jeder einzelne das Wetter einer Woche auf den entfallenden Monat bestimmt. Die Zeit von 0 Uhr bis 6 Uhr des ersten Lostages zeigt die Witterung der ersten Woche an, 6 Uhr bis 12 Uhr diejenige der zweiten Woche, 12 Uhr bis 18 Uhr deutet auf das Wetter der dritten Woche und von 18 Uhr bis Mitternacht lassen sich die Wetterverhältnisse auf die vierte Woche voraussagen. Um möglichst genaue Prognosen zu erstellen, wurde das jeweils beobachtete Wettergeschehen alle zwei Stunden aufgeschrieben. Auch hier gilt zu beachten, dass die ermittelten Werte immer nur regionale Bedeutung haben können.

Gebt jetz' und acht auf die Lostage:
vom Christtag Abend fanget man an zu zählen,
und wie es an selbigen Tagen witteret,
so soll es das künftige Jahr auch witteren;
der erste Tag bedeutet den Jänner,
der zweite den Hornung[26]
und so jeder folgende Tag einen Monat später.

---

26 Februar.

Zwölf Nächte sind, die zeigen an,
wie jeder Monat werden kann.

Wie sich die Witterung vom Christtag bis Dreikönig verhält,
so ist das ganze Jahr bestellt.

Von Weihnacht bis Dreikönigstag,
aufs Wetter man wohl achten mag.

Ist's in den zwölf Nächten wild,
sind sie milden Winters Bild.

26. Dezember: hl. Stephanus

Stephanus war einer der ersten sieben Diakone (Apostelgeschichte 6,1f.). Sein griechischer Name deutet auf eine hellenistische Herkunft. Im Rahmen eines Streites zwischen dem etablierten Judentum und Judenchristen wurde Stephanus vor den Hohen Rat gezerrt, der ihn zum Tode verurteilte. Um das Jahr 40 erlitt er als erster Märtyrer („Erzmärtyrer") den Tod durch Steinigung vor den Toren Jerusalems. Er ist Patron der Pferde, Pferdeknechte, Kutscher, Steinhauer, Maurer, Zimmerleute, Weber, Schneider, Böttcher und Küfer; gegen Besessenheit, Steinleiden, Seitenstechen und Kopfschmerzen sowie für einen guten Tod.

Bläst der Wind am Stephanitag recht,
so wird der Wein im Jahr drauf schlecht.

Bringt Sankt Stephan Wind,
die Winzer nicht erfreuet sind.

Scheint am Stephanstag die Sonne,
gerät der Flachs zur größten Wonne.

Windstill muss St. Stephan sein,
soll der nächste Wein gedeih'n.

27. Dezember: hl. Apostel und Evangelist Johannes

Johannes gehörte ursprünglich zu den Jüngern Johannes des Täufers, bis Jesus ihn in den Kreis der Apostel berief. Von Beruf waren Johannes und sein Bruder Jakobus der Ältere Fischer. Im Kreis der Apostel gehörten die beiden zum engsten Jüngerkreis. Johannes wird das vierte Evangelium zugeschrieben, wo er als Lieblingsjünger bezeichnet wird. Der Überlieferung nach soll Johannes von Ephesus aus die von ihm gegründeten Kirchen geleitet haben, bis er während der Christenverfolgung unter Kaiser Domitian (81–96) auf die Insel Patmos verbannt wurde und dort die Geheime Offenbarung schrieb. Um das Jahr 100/101 soll Johannes hochbetagt in Ephesus gestorben sein. Er ist Patron der Bildhauer, Maler, Buchdrucker, Papierfabrikanten, Papiermacher, Buchbinder, Buchhändler, Schriftsteller, Schreiber, Beamten, Notare, Theologen, Winzer, Metzger, Sattler, Glaser, Spiegelmacher, Graveure, Kerzenzieher und Korbmacher; der Freundschaft; bei Brandwunden sowie für gute Ernte, gegen Hagel, Vergiftungen, Brandwunden, Fußleiden und Epilepsie.

> Kommt Sankt Johannes im Schnee,
> gefriert bald Feld und See.

> Hat der Evangelist Eis,
> macht der Täufer [24. 6.] heiß.

28. Dezember: Unschuldige Kinder

Das Fest der Unschuldigen Kinder geht auf einen Bericht im Matthäusevangelium zurück (2,13–18). Königes Herodes ließ aus Angst um seinen Thron den Kindermord von Betlehem anordnen, um einen möglichen Konkurrenten auszuschalten. Ob es sich hierbei um eine historische Begebenheit handelt, ist zweifelhaft. Seit dem 5. Jahrhundert gibt es einen liturgischen Gedenktag für diese Kinder. Die Kirche verehrt die Unschuldigen Kinder als die ersten Märtyrer und feiert deshalb ihr Fest in unmittelbarer Nähe zu Weihnachten.

> Haben's die unschuldigen Kindlein kalt,
> so weicht der Frost nicht so bald.

Schneit's an unschuldige Kindl,
fährt der Januar in die Schindel.

Sitzen die unschuldigen Kindlein in der Kälte,
vergeht der Frost nicht in Bälde.

31. Dezember: hl. Silvester

Silvester I. (3. Jh.–335) war Bischof von Rom (314–335) in der Regierungszeit Kaiser Konstantins, unter dem die Christenverfolgung ein Ende fand. Über Silvesters Leben ist außer einigen legendenhaften Erzählungen aus späterer Zeit wenig bekannt. Silvesters Todes- und Gedenktag (31. Dezember 335) ist allgemein bekannt, da er dem letzten Tag des Jahres seinen Namen gab. Er ist Patron der Haustiere, für eine gute Futterernte sowie für ein gutes neues Jahr.

Silvester hell und klar –
Glückauf zum neuen Jahr.

Wind in St. Silvesters Nacht,
hat nie Wein und Korn gebracht.

Wind in der Silvesternacht,
wenig Hoffnung auf's Jahr macht.

Ist Sankt Silvester hell und klar,
drauf folget stets ein gutes Jahr.

Silvesterwind und warme Sonn'
wirft jede Hoffnung in den Bronn.

Silvesternacht wenig Wind und Morgensonn',
gibt viel Hoffnung auf Wein und Korn.

Wie sich das Wetter auch gestaltet –
beim Jahresschluss die Hände faltet!

Silvesternacht düster oder klar,
deutet auf ein neues Jahr.

Ist's zu Silvester hell und klar,
steht vor der Tür das neue Jahr.

Gefriert's an Silvester zu Berg und Tal,
geschieht auch dies zum letzten Mal.

*Im Dezember soll der Frost klirren,
dann macht der Sommer keine Wirren.*

Alte Bauernweisheiten

Schönwetterregeln

Westwind und Abendrot
machen die Kälte tot.

Wenn sich Katzen putzen,
kannst gutes Wetter nutzen.

Wenn die Spinnen große Netze
hängen,
geht gutes Wetter in die
Längen.

Singen die Vögel fröhlich.
bleibt das Wetter lieblich.

Sind offen die Lindenblüten,
musst du das Haus nicht hüten.

Wenn die Spinnen im Regen
spinnen,
wird es nicht sehr lange
rinnen.

Der Föhn
macht's Wetter schön.

Quaken die Frösche laut in der
Nacht,
kommt schönes Wetter, gib nur
acht.

Wenn die Mücken tanzen und
spielen,
sie morgiges Gutwetter
fühlen.

Abendrot und Morgenhell
sind ein guter Reis'gesell.

Große Arbeitslust der Ameisen,
schönem Wetter den Weg weisen.

Starkes Zirpen der Grillen –
Schönwetter Willen.

Wind vor Sonnenaufgang
ist schönen Wetters Anfang.

Reif und Morgentau
machen den Himmel blau.

Alte Bauernweisheiten

Wenn der Nebel fällt zur Erden,
wird bald gutes Wetter werden.

Die dunkle Nacht
heit'ren Tag macht.

Der Abend rot, der Morgen grau,
gibt das schönste Tagesblau.

Ameis' und Spinn' auf allen Pfaden,
dann wird das Wetter gut geraten.

Fliegen die Schwalben in die Höh'n,
kommt ein Wetter, das ist schön.

Reichlicher Tau am Morgen –
Sonnenhut besorgen.

Offene Blütenkelche des
Heidekrautes,
schönes Wetter bleibt
Vertrautes.

Wenn die Spinnen emsig weben im
Freien,
sie für lange schön' Wetter
prophezeien.

Der Nordwind ist ein rauer Vetter,
doch er bringt beständig Wetter.

Abendrot –
Gutwetterbot'.

Wenn Schäfchenwolken am
Himmel steh'n,
kann man ohne Schirm spazieren
geh'n.

Staubregen wird guter Bote sein,
schön trocken Wetter tritt dann ein.

Siehst du Nebel auf See und
Auen,
kannst du getrost auf schön' Wetter
bauen.

Wenn abends dicke Nebel steigen,
für morgen sie gut Wetter zeigen.

Wenn große Wolken kleiner arten,
ist schönes Wetter zu erwarten.

Goldgelber Mond –
Schönwetter Bot'.

Spinne am Abend –
süß und labend.

Abendrot bei West,
gibt dem Frost den Rest.

Wenn abends dicker Nebel liegt,
dann das schöne Wetter siegt.

Der Abend rot und weiß das
Morgenlicht,
dann trifft uns böses Wetter nicht.

Talwärts streichende, kühle
Bergwinde
sind guten Wetters Kinde.

Schäfchen, die hoch am Himmel
weiden,
stets trockene Tage bedeuten.

Wenn viele Eidechsen
hervorkriechen,
sie gutes Wetter riechen.

Hohes Fliegen der Schwalben –
Gutwetterzeichen allenthalben.

Alte Bauernweisheiten

Ist nah' der Ring von Sonn' und Mond,
so werden wir von Regen verschont.

Fliegen die Fledermäuse abends umher,
kommt anhaltend schönes Wetter daher.

Wenn die Vögel fröhlich singen,
wird es weiter Sonne bringen.

Je weißer die Schäfchen am Himmel geh'n,
desto länger bleibt das Wetter schön.

Regenbogen am Abend,
ist der Schäfer labend.

Helles Leuchten der Johanniswürmchen[27] zeigt an,
dass wir schönes Wetter werden ha'n.

Knisternde Schafshaare
sind Trockenwetter Ware.

Eifriges Quaken der Frösche in der Nacht,
der nächste Tag in strahlender Pracht.

Offener Kelch der Bibernelle[28] –
warmer Tag mit Sonnenhelle.

Frühzeitiges, anhaltendes Krähen des Hahnes,
sagt beständig Wetter an und klares.

Offenstehende Schuppen der Nadelholzzapfen,
brauchst nicht in Stiefeln zu stapfen.

Fällt morgens Regen wie feiner Staub,
an gutes Wetter glaub.

Starker Tau
hält Himmel blau.

Frühregen und Brauttränen
dauern so lang wie's Gähnen.

Fallender Nebel und Nebelregen
schönes Wetter zu machen pflegen.

Schönes Wetter künden Anemonen,
wenn sie weit öffnen ihre Kronen.

Kiebitz tief und Schwalbe hoch,
bleibt trocken Wetter noch.

Lässt sich großblumig die Distel blicken,
will Gott gar guten Herbst uns schicken.

---

27 Auch Glühwürmchen genannt.
28 Die Bibernellen, auch Pimpernellen oder Pimpinellen genannt, sind eine Pflanzen-Gattung aus der Familie der Doldenblütler.

Ein grauer Sommermorgenhimmel
bei Windstille,
verkündet Sonne und Wärme in
Fülle.

Steigt die Lerche hoch, singt lange
hoch oben,
habt bald ihr das lieblichste Wetter
zu loben.

Steif stehende Borsten von Hafer
und Gerste,
deuten schönes und trockenes
Wetter für's erste.

Froschkonzert am Abend –
wird das Wetter labend.

Zeigt die Sonne bis Elfe sich,
neigt sie erst am Abend sich.

Kraniche, die niedrig zieh'n,
deuten auf warmes Wetter hin.

Wenn im Moor viel Irrlicht steh'n,
bleibt das Wetter lange schön.

Wenn kurz vor Vollmond der
Sonnenaufgang neblig war,
wird's Wetter in den nächsten
Tagen warm und klar.

Sind Abends über Wies' und Fluss
Nebel zu schauen,
wird die Luft anhaltend schön
Wetter brauen.

Schlechtwetterregeln

Reif zum Vollmond kündet an,
dass bald Kälte kommen kann.

Ist der Himmel voller Sterne,
ist die Nacht voll Kälte gerne.

Ist die Milchstraße glitzernd
sichtbar,
Schlechtwetterzeichen
immerdar.

Wenn die Katzen sitzen am Feuer,
ist der Regen nicht geheuer.

Zieht's Eichhorn still ins
Winternest,
so gibt's bald Kälte,
klar und fest.

Kommt die Feldmaus in das Dorf,
sorge bloß für Holz und Torf.

Das gute Wetter reißt
bald aus,
wenn früh rumort und pfeift
die Maus.

Wenn der Rabe schreit,
ist der Regen nicht weit.

Ziehen die Wolken dem Wind
entgegen,
gibt's am andern Tage
Regen.

„Wasserziehen" der Sonne –
aus mit strahlender Wonne.

Alte Bauernweisheiten

Baden Spatzen und Hühner im
Sand,
kommt bald Regen über's
Land.

Stößt der Maulwurf große Haufen,
wird der Winter kalt verlaufen.

Siehst du die Schwalben niedrig
fliegen,
werden wir Regenwetter
kriegen.

Steigt morgens Nebel empor,
so steht Regen bevor.

Reißt die Spinne ihr Netz entzwei,
kommt der Regen bald herbei.

Wenn der Himmel gezupfter Wolle
gleicht,
das schöne Wetter bald dem Regen
weicht.

Geht die Sonne feurig auf,
folgen Wind und Regen drauf.

Weht's aus Ost bei Vollmondschein,
stellt sich strenge Kälte ein.

Frösche auf Wegen und Stegen,
deuten auf baldigen Regen.

Dunkle Wolken verkünden Regen,
schwarze Wolken Wetter ohne
Segen.

Ist der Ring vom Monde weit',
hat er Regen im Geleit.

Flimmernde Sterne
bringen Wind sehr gerne.

Kommen aus Norden die Vögel an,
will die Kälte uns schon nah'n.

Wind vor Sonnenuntergang
ist Regen Anfang.

Wind aus Südwest –
kommt aus dem Regennest.

Wenn der Mond hat einen Ring,
folget Regen allerding.

Wenn Schnecken kriechen auf
den Wegen,
wird es sicher Regen
geben.

Morgenrot –
Schlechtwetter droht.

Weht der Wind dauernd aus Süden,
ist uns Regen bald beschieden.

Neumond mit Wind
ist zu Regen oder Schauer gesinnt.

Wenn die Krähen schrei'n,
stellt sich Regen ein.

Sonnenhof bei Nord und Ost,[31]
bedeuten Glatteis und rauen Frost.

Weht es aus Ost bei
Vollmondschein,
dann stellt sich strenge
Kälte ein.

---

[31] Nord- und Ostwind.

Alte Bauernweisheiten

Träges Herumsitzen der Bienen
am Morgen,
musst einen Schirm dir bald
besorgen.

Wenn die Fische springen aus
dem Wasser,
wird darauf das Land auch
nasser.

Wenn die Möven zum Land fliegen,
werden wir Sturm kriegen.

Möven ins Land –
Unwetter vor der Hand.

Sieht man die Zugvögel schon zeitig
ziehen,
bedeutet's, dass sie vor der Kälte
fliehen.

Wenn die Mücken im Schatten
spielen,
werden wir bald Regen
fühlen.

Steht die Gans auf einem Fuß,
dann kommt bald ein Regenguss.

Wenn auf dem Miststock Pilze
sprießen,
wird sie bald der Regen begießen.

Wenn am Tag der Huflattich den
Kopf nicht reckt,
wird er in der Nacht von
Regentropfen geweckt.

Wenn die Runkelrübenblätter
herunterhängen,
gibt es Wasser in großen Mengen.

Wenn der Löwenzahn geschlossen
bleibt,
der Wetterwind sein Spiel bald
treibt.

Wenn Sonne und Mond scheinen
bleich,
ist der Himmel regenreich.

Gibt Ring und Hof sich Sonne
und Mond,
Regen und Wind uns nicht
mehr verschont.

Früher Sonnenschein
bringt abends Regen ein.

Regenbogen am Morgen
macht dem Schäfer Sorgen.

Wenn die Disteln schnell sich
schließen,
wird's darauf in Strömen
gießen.

Wenn die Ameisen ihre Löcher
schließen,
wird bald Regen vom Himmel
gießen.

Steigt der Nebel nach dem Dach,
folgt bald großer Regen nach.

Süd bringt Regen, Nordwind Dürre,
danach richte dein Geschirre.

Trübe Wolken und starker Wind,
selten ohne Regen sind.

Dicke Abendnebel hegen
öfters für die Nacht den Regen.

275

Alte Bauernweisheiten

Morgenrot
bringt Wind und Kot.

Wenn am Morgen kein Tau gelegen,
warte bis Abend auf sicheren Regen.

Wenn der Hahn vor Mitternacht
schreit,
ist Landregen nicht weit.

Wenn der Hahn kräht im
Hühnerstall,
gibt's unter der Trauf' einen
Wasserfall.

Poppert laut der Specht,
kommt ein Wetter schlecht.

Wenn alte und vernarbte Wunden
schmerzen,
ist es aus mit Schönwetterscherzen.

Schleichender, liegender Rauch –
gibt Schlechtwetter auch.

Fangen Fässer an zu schwitzen,
wirst du bald im Regen sitzen.

Schnappen die Fische nach
Mücken –
Anzeichen von Wettertücken.

Versteckt sich's Rotkehlchen in
höhlen Bäumen,
kommt Wind und Regen ohne
Säumen.

Ist ungewöhnliche Fernsicht –
vertrau dem klaren Wetter nicht.

Lassen die Frösche sich hören mit
Knarren,
wirst du nicht lange auf Regen
harren.

Wenn die Wachteln fleißig
schlagen,
warnen sie vor Regentagen.

Wenn die Pfauen nachts laut
schreien,
wollen sie die Wolken vom Regen
befreien.

Auf Nordwind mit Regen folgt
Hagel oft, der all's erdolcht.

Weht's bei Neumond her vom Pol,
bringt es kühlen Regen wohl.

Gewitter in der Vollmondszeit,
verkünden Regen lang und breit.

Wenn die Rosskäfer am Morgen
fliegen,
werden wir mittags Regen
kriegen.

Kein Tau am Morgen zeiget an,
dass bald Regen kommen kann.

Geht der Fisch nicht an die Angel,
ist an Regen bald kein Mangel.

Morgenrot –
hebt im Teich das Boot.

Wenn die Finken vor
Sonnenaufgang singen,
wird der Tag wohl Regen bringen.

Alte Bauernweisheiten

Bellt der Fuchs im grünen Wald,
stellt sich ein der Regen bald.

Kommen die Kühe abends lange
nicht nach Haus,
so bricht am nächsten Tag schlecht
Wetter aus.

Schwalben tief im Fluge –
Gewitter kommt zum Zuge.

Wenn die Kröten fleißig laufen,
wollen sie bald Regen saufen.

Wenn der Laubfrosch schreit,
ist der Regen nicht weit.

Eilt die Gans zum Badeteich,
kommt eine Regenwolke gleich.

Wenn der Staub sich lange in der
Luft aufhält,
gewisslich auch bald Regen fällt.

Gräbt sich der Hamster tief
hinein,
wird balde schlechtes Wetter
sein.

Wenn die Schwalben das Wasser im
Fluge berühren,
so ist der Regen zu spüren.

Wenn Hennen viel im Staub
wühlen,
ist's, dass sie Stürme nahen
fühlen.

Der Wind vor Mitternacht
hart Wetter bracht'.

Wenn der Klee aufrecht steht,
bald ein Sturm darüber geht.

Wenn die Sonne sticht,
der Bauer spricht:
Die Kühe beißen und brommen,
es wird Regen kommen.

Kommt Wind vor Regen,
ist wenig daran gelegen;
kommt aber Regen vor dem Wind,
zieht man die Segel ein geschwind.

Wenn der Hund das Gras benagt,
und die Frau ob Kopfweh klagt,
der Rauch will nicht zum
Schornstein raus,
ein Regen kommt bald
über's Haus.

Sonnenhof bei Nord und Ost
bedeutet Glatteis und rauen Frost,
aber bei Süd bedeutet es Tau,
Sturm und Regen bei West genau.

Gewitterregeln

Donner im Winter –
steckt viel Kälte dahinter.

Stechen böse Fliegen,
werden wir Gewitter kriegen.

Tanzt das Stroh im Wirbelwind,
kommt ein Wetter ganz geschwind.

Große Unwetter und starke Blitze,
kommen meist von großer Hitze.

Alte Bauernweisheiten

Dampft's Strohdach nach
Gewitterregen,
kehrt's Gewitter wieder auf anderen
Wegen.

Wie das erste Gewitter zieht,
man die anderen folgen sieht.

Hagel in Feld
bringt Kält'.

Ist die Spinne träg zum Fangen,
Gewitter bald am Himmel hangen.

Siehst du die Katze gähnend liegen,
weißt du, dass wir Gewitter kriegen.

Wenn das erste Wetter hagelt gerne,
so hageln auch die folgenden gerne.

Springende Fische
bringen Gewitterfrische.

Dampfen die Wiesen nach
Gewitterregen,
kommt nochmals Gewitter auf
anderen Wegen.

Bei rotem Mond und hellem Sterne,
sind Gewitter gar nicht ferne.

Wenn die Kuh das Maul nach oben
hält im Lauf,
ziehen bald Gewitter auf.

Gewitter ohne Regen
ist ohne Segen.

Wenn das Gewitter schnell vorbei,
kommt bald ein and'res an die
Reih'.

Kriecht die Spinne vom Netz zum
Loch,
gibt's am Tag Gewitter noch.

Gewitter in der Vollmondzeit,
verkünden Regen weit und breit.

Wenn die Schlammspreizker[30] aus
dem Wasser wollen,
wird bald ein Gewitter rollen.

Wenn morgens sich
Schäfchenwolken zeigen
und nachmittags Haufenwolken
aufsteigen,
der Klee seine Blätter einrollt,
in der Nacht bestimmt ein Gewitter
tollt.

Wenn es blitzt von Westen her,
deutet's auf Gewitter schwer;
kommt von Norden her der Blitz,
deutet es auf große Hitz'.

Eichen
soll man weichen,
vor den Fichten
soll man flüchten,
auch die Weiden
soll man meiden,
doch die Buchen
soll man suchen
und auch Linden
soll man finden.

---

30 Schlammspreizker sind Schlammspringer. Diese sind eine amphibisch lebende Gattung von Fischen aus der Familie der Gobionellidae innerhalb der Grundelartigen (Gobiiformes).

Wenn es im Westen blitzt,
so blitzt es nicht um Nichts;
wenn es aber im Norden blitzt,
so ist es ein Zeichen von Hitz'.

Allgemeine Bauernregeln

Ein Bauer ist kein Bauer mehr,
wenn ihm das Bauern macht
Beschwer.

Fährst mit Rappen statt Kühen du,
dann geht es rasch dem Geldstag zu.

Nur wer den Garten sorglich pflegt,
weiß, dass er ihm Früchte trägt.

Dem Kompost und dem Mist,
am wohlsten im Schatten ist.

Kleine Samen flach bedeckt,
große Samen tief versteckt.

Bienen und Schafe
ernähren den Mann im Schlafe.

Je näher der Pflug am Erntewagen,
desto besser wird die Nachfrucht
tragen.

Gute Kornjahre –
schlechte Obstjahre.

Siehst du Schmetterlinge tanzen,
kannst getrost du draußen
pflanzen.

Tauben, Gärten und ein Teich
machen keinen reich.

Am Samen spare, nicht am Mist,
ein kluger Bauer du dann bist.

Hält der Baum die Blätter lang,
macht ein später Winter bang.

Graben und Hacken
gibt rote Backen.

Willst Glück du haben mit dem
Vieh,
so füttere pünktlich, plage nie.

Die Rübe will gerüttelt sein,
wenn sie soll gedeihen fein.

Holunder
tut Wunder.

Kompost ein guter Bauer macht,
weil er auf Alles stets hat Acht.

Beim Reinlichkeits- und
Ordnungssinn,
der Bauer zehnfach hat Gewinn.

Bauer, zeig mir deinen Mist
und ich sag' dir, wer du bist.

Wer arm werden will und weiß
nicht wie,
der halte nur viel Federvieh.

Alte Bauernweisheiten

Alte Bauernweisheiten

Da wo der Stall ist hell und rein,
da wird es auch die Stube sein.

Brachen, pflügen und stark misten,
füllt dem Bauern seine Kisten.

Arbeit bringt langsam nur voran,
doch um so sich'rer halt es dann.

Jammern
füllt keine Kammern.

Ganz sicher drauf man zählen tut:
so wie der Bauer, so das Gut.

Hast du, Bauer, dich bewährt,
dann bist auch hoch genug geehrt.

Im Füttern sei du niemals faul,
die gute Kuh melkt man durch's Maul.

Kein Mist den Acker besser düngt,
als den, den man am Fuß hinbringt.

Stets blinkt der Pflug,
der immer geht,
doch rostet der,
der stille steht.

Tagtäglich musst auf's Feld du geh'n,
willst du in gutem Stand es seh'n.

Umsonst der Bauer sich müht ab,
geht nimmer er den alten Trab.

Verkehrte Arbeit immer treibt
ein Bauer, der nicht Bauer bleibt.

Wer zuerst in die Wiese geht,
der auch das beste Gras stets mäht.

Arbeite fleißig, doch bete auch,
so will's des rechten Bauern Brauch.

Viel bauen, halten viel Gesind',
das hilft zur Armut gar geschwind.

Was du dir wohl hast vorgesetzt,
dabei beharr' bis auf die Letzt.

Wer Unkraut nur ein Jahr lässt
steh'n,
kann sieben Jahre jäten
geh'n.

Gut Gewissen und armer Herd,
ist Gott und aller Ehren wert.

Wer sein eigener Herr kann sein,
geh keinen Dienst mit Herren ein.

Ein guter Spruch: Auf Gott vertrau',
arbeite brav und leb' genau.

Wer will haben,
der muss graben.

Das beste Wappen auf der Welt,
das ist der Pflug im Ackerfeld.

Wer gute Ernten machen will,
der dünge, pflüg' und grabe viel.

Wer spärlich seinen Acker düngt,
der weiß schon, was die Ernte
bringt.

Regst du die Hände,
bedenk' stets das Ende.

Wer gut futtert,
der gut buttert.

Alte Bauernweisheiten

Almosen mindert nicht das Gut,
wenn man's aus rechtem Herzen tut.

Willst du über deinen Bau nicht
weinen,
baue nur mit eignen Steinen.

Trockenes Jahr, ein gutes Jahr,
nasses Schaden immerdar.

Der Mittag des Freitags prägt uns
oft ein,
wie künftigen Sonntag das Wetter
wird sein.

Der Mist
ist des Bauern List.

Oktobersaft
macht Bruderschaft.

Eggenstaub und Winterfrost
macht die Bauern wohlgetrost.

Ein rechter Ackermann
ist stets ein Wackermann

Wenn die Bauern nicht wären und
ihre Gild',
so wär ein Bettelstab der Edelleute
Schild.

Rührige Hand
macht aus Felsen Gartenland.

Guter Boden macht den Bauern
reich –
aber nicht sogleich.

Das Feld
macht den Bauern zum Held.

Seh' ich den Hof und den Mist,
so weiß ich gleich, was an dir ist.

Faulem Wichte
bringt auch der gute Acker keine
Früchte.

Wer unfruchtbaren Boden bebaut,
vergeblich nach der Ernte schaut.

Beim Ackern ohne Brach,
lassen die Früchte nach.

Wie du wirst säen,
so wirst du mähen.

Auf schwarzem Acker
wächst der Weizen wacker.

Wo der Pflug vom Rost zerfressen,
wird sehr wenig Korn gegessen.

Säet einer Spreu,
ist's mit der Kornernte vorbei.

Kommt die Gerste trocken in die
Erd',
ist großer Segen dir
beschert.

In der Gelbreife mähe das Getreid',
denn später tut es dir leid.

Im Korn die Blumen blau und rot,
machen dem Bauern liebe Not.

Sind die Nesseln reich im Jahr,
ist auch das fette Heu nicht rar.

Wo der Weizen nicht will geraten,
gedeihen wohl noch Hafersaaten.

Alte Bauernweisheiten

Werden früh die Wiesen bunt,
labt ein edler Wein den Mund.

Wo der Acker braun,
ist reiche Frucht zu schau'n.

Wenn der Boden ruht,
gedeiht das Unkraut gut.

Willst du reichlich Erbsen kriegen,
lass ein Schaf dazwischen liegen.

Stroh auf den Mist gestreut,
hat keinen jemals gereut.

Düngung ist die Seel' vom Ackerbau,
sie gehören zusammen wie Mann und Frau.

Wer den Dünger schont,
dem wird schlecht gelohnt.

Dem Düngewagen
soll gleich der Pflug nachjagen.

Halber Mist genügt,
wenn man im Sommer pflügt.

Wer pflegt sein Vieh,
den verlässt es nie.

Die gut hauen und gut streuen,
können sich über Kühe freuen.

Wenig Milch und wenig Mist
gibt die Kuh, die wenig frisst.

Der Bauer pflügt umsonst die Erde,
spricht der Herr nicht gütig: Werde.

Hafer ist dem Pferde gut –
aber zu viel übel tut.

Mit dem Futter von gestern geht das Pferd,
mit dem Futter von heute ist's nichts wert.

Kurze Pferd und lange Schwein
für den Bauern nützlich sein.

Ein Baum, der dies Jahr ruht,
trägt das folgende doppelt gut.

So viel Schnee –
so viel Klee.

Auf harten Winters Zucht,
folgt gute Sommerfrucht.

Wenn's auf kahle Bäume wittert,
kommt neue Kälte angeschlittert.

Der Hornung[31] gebiert Krankheit bald;
vermeid' Most, Bier und was ist kalt.

Sollen die Saaten gut gedeih'n,
muss die Erde trocken sein.

Gutes Wetter
ist des Bauern Retter.

Sonne warm
macht niemand arm.

---

31 Februar.

Alte Bauernweisheiten

Wer's Wetter scheut,
kommt niemals weit.

Es ist umsonst das Feld bestellt,
wenn keine Sonne es erhellt.

Sonnenschein hat den Brotschrank nie geleert,
aber Nässe den Mangel oft vermehrt.

Erst Sonne, dann Regen,
kann die Früchte bewegen.

Nicht immer kommt ein Regen,
wenn die Wolken sich bewegen.

An mäßigem Regen
ist viel gelegen.

Das Wetter kennt man am Winde –
wie den Herrn am Gesinde.

Wenn kleiner Regen will,
macht großen Wind er still.

Wer Roggen sät in Schollen,
hat alles im Vollen.

Schmilzt der letzte Schnee,
streue deinen Klee.

Der Sommer ernähret –
der Winter verzehret.

Hau dein Holz, wenn der Kuckuck schreit,
so hast du im Winter dürre Scheit.

Gutes Vieh, gute Streu und reichlich Futter,
gibt Mist und Korn und Milch und Butter.

Zu früh säen ist selten gut,
zu spät säen tut gar nicht gut.

Offener Boden beim ersten Schnee,
bringt dem Bauern weder Weizen noch Klee.

Schwacher Balg am Wilde,
zeigt an des Winters Milde.

Fette Vögel, fette Dächse,
lassen hoffen kalte Winternächte.

Läuft viel herum die Haselmaus,
bleibt Schnee und Eis noch lange aus.

Reift das Rebholz richtig aus,
füllt sich auf des Winzers Haus.

Auf großen Raum pflanz' einen Baum
und pflege sein,
er bringt dir's ein.

Versperrt der Winter früh das Haus,
hält er es nicht lange aus,
doch folgt er spät mit Frost und Braus.

Der Heuet ist nun vor der Tür,
die Mähder tu' bestellen;
die Arbeit währet für und für,
schreckt manchen faulen Gesellen.

Alte Bauernweisheiten

Der Sommer gibt Korn,
der Herbst leert sein Horn,
der Winter verzehrt,
was die beiden beschert.

Wer im Heuet nicht gabelt
und in der Ernte nicht zappelt,
zur Lese nicht früh aufsteht,
sieh' zu, wie's ihm im Winter geht!

Scherzregeln

Ist es Ende November recht kalt,
naht der Dezember schon bald.

Gefriert's am Silvester zu Berg
und Tal,
geschieht es dieses Jahr zum
letzten Mal.

Wenn es regnet vor dem Stall,
regnet's vielleicht nicht überall.

Guckt der Bauer auf leeren Teller,
schleicht er später in den Keller.

Stellt sich im April der Regen ein,
dann hat man keinen
Sonnenschein.

Wenn im November der
Schornstein raucht,
wird in der Küche viel Holz
verbraucht.

Kommt der Regen schräg von vorn,
kriegt die Kuh ein nasses Horn.

Sind die Kälber klein und mager,
ist der Bauer ein Versager.

Geht die Sonne auf im Westen,
musst du deinen Kompass testen.

Geraten sehr wohl Hopfen und
Reben,
wird's in der Folge viele Räusche
geben.

Wachsen die Nächte wieder auf
Erden,
so viel kürzer die Tage werden.

Kräht der Hahn schon morgens um
zwei,
schlägt's vom Kirchturm eine
Stunde später drei.

Ist der Hornung[32] schön und klar,
ist's auch so im Februar.

Wenn alte Ochsen toben und
ländern,
wird sich das Wetter deshalb kaum
ändern.

Macht der August den Bauern heiß,
geraten sie leicht in großen
Schweiß.

---

32 Februar.

Alte Bauernweisheiten

Fällt Juniregen in den Roggen,
so bleibt der Weizen auch nicht trocken.

Dreht mehrmals sich der Wetterhahn,
so zeigt er sicher Sturmwind an.

Gibt's Schnee und Eis im Januar,
dann fängt mit Kälte an das Jahr.

Wenn's schneit und kommt noch Regen dazu,
dann gibt's im Jänner nasse Schuh.

Scheint die Sonne warm im Mai,
weiß man, dass April vorbei.

Kommt vom Himmel eine Schütte,
wird auch nass das Dach der Hütte.

Stellt sich ein Huhn früh gackernd ein,
gibt's Regen oder Sonnenschein.

Stellt sich im März schon Donner ein,
dann muss es ein Gewitter sein.

Fliegt abends die Amsel von Baum zu Baum,
ändert sich deswegen das Wetter kaum.

Gibt es Schnee im Mai,
ist der April vorbei.

Fährt im Heuet der Bauer nach Davos,
ist auf dem Feld nicht allzu viel los.

Wenn zu St. Lukas [18. 10.] der Gänserich schreit,
dauert's noch zehn Wochen bis zur Weihnachtszeit.

Regnet's im Februar ohne Unterlass,
ist der Hornung andauernd nass.

Wälzt das Schwein sich in den Lachen,
braucht man es ihm nicht nachzumachen.

Wenn es zu Winteranfang schneit,
ist es bis Weihnacht nicht mehr weit!

Wenn der Storch übers Feld rennt,
hat er vermutlich das Fliegen verlernt.

Scheint die Sonne in der Nacht,
hat der Weltenlauf kehrt gemacht.

Darauf kannst du zählen zu jeder Zeit,
dass es am 30. Februar nicht schneit!

Wer reine Ferkel will,
der suche sie am 1. April!

Ob bei Regen oder Sonnenschein,
wenn es grunzt, ist es ein Schwein.

Auf März folgt stets April,
das ist Kalenderwill.

Wenn es an Silvester schneit,
ist das neue Jahr nicht weit.

Alte Bauernweisheiten

Wenn's im September donnert
und blitzt,
kommt ein Gewitter
angeflitzt.

Pflügt der Bauer im Mai,
ist der April vorbei.

Gibt's im Heuet Dauerregen,
ist es nass auf Feld und Wegen.

Ist's an Silvester hell und klar,
ist am nächsten Tag Neujahr.

Trinkt der Bauer im Winter Tee,
gibt's deswegen nicht mehr Schnee.

Blökt die ganze Nacht das Schaf,
bringt das den Bauern um den
Schlaf.

Ist Dreikönig hell und klar,
ist's am Tag drauf 7. Januar.

Wenn Nebel wallt und Regen fällt,
ist's ums Wetter schlecht bestellt.

Regnet Gallus [16. 10.] in den Stall
hinein,
wird das Dach nicht mehr dicht
sein.

Kein Hahn kräht mehr auf
dem Mist,
wenn er in der Pfanne ist.

Steht zu Weihnacht noch das Korn,
ist es wohl vergessen wor'n.

Friert das Wasser in der Pfütze ein,
wird der Sommer zu Ende sein.

Dreht der Hahn sich auf dem Grill,
macht das Wetter, was es will.

Melkt die Bäuerin die Kühe,
hat der Bauer keine Mühe.

Trägt der Bauer bei Regen rote
Socken,
wird dies keinen Sonnenschein
herlocken.

Frisst die Katze aus dem
Teller,
war die Maus mal wieder
schneller.

Wenn es will Abend sein,
verliert die Sonne ihren Schein.

Auch lautes Froschgeschrei
ist dem Wetter einerlei.

Schleicht der Bauer nachts in den
Keller,
scheint der Mond deshalb nicht
heller.

Wenn der Hahn kräht auf
dem Mist,
ändert das Wetter oder es bleibt
wie es ist.
Kräht er auf dem Baum,
donnert es deswegen kaum.
Und kräht er einmal auf dem Huhn,
hat's mit dem Wetter nichts zu tun.

Wenn die Kuh wackelt mit dem
Euter,
und der Hahn kräht am Mist,
dann weißt du, dass du im
Bergischen bist.

*Nach der vielen Arbeit Schwere,
an Leonhard die Rösser ehre.*

Kalendarium

Januar

1. Neujahr – Hochfest der Gottesmutter Maria
2. Makarios von Alexandria
3. Genoveva
6. Heilige Drei Könige – Erscheinung des Herrn
8. Erhard
8. Severin von Noricum
9. Julian
10. Paul der Einsiedler
13. Hilarius
15. Habakuk, Prophet
16. Marcellus I.
16. Theobald
17. Antonius der Einsiedler
20. Fabian und Sebastian
21. Agnes
22. Vinzenz von Saragossa
24. Timotheus
25. Pauli Bekehrung
29. Valerius
30. Martina
30. Adelgundis
31. Vigilius
31. Eusebius von Rankweil

Februar

2. Mariä Lichtmess – Darstellung des Herrn
3. Blasius
5. Agatha
6. Dorothea
9. Apollonia
12. Eulalia
12. Sieben Gründer
14. Valentin
16. Simeon von Metz
18. Simon, „Herrenbruder"
19. Konrad der Einsiedler
21. Felix von Metz
22. Petri Stuhlfeier
24. Matthias
25. Walburga
26. Alexander
27. Leander
28. Romanus
Fas(t)nacht, Fasching, Karneval
Aschermittwoch
Funkensonntag (1. Fastensonntag)

März

1. Albinus
3. Kunigunde
4. Kasimir
6. Perpetua und Felizitas
6. Fridolin
9. Franziska
9. Gregor von Nyssa
10. Vierzigritter
11. Rosamunde/Rosina
12. Gregor I. der Große
14. Mathilde
15. Lukretia
17. Gertrud von Nivelles
19. Josef
19. Sibylle
21. Lupicinius
21. Benedikt
23. Otto
24. Gabriel, Erzengel
25. Mariä Verkündigung
26. Ludger
27. Rupert
29. Berthold
30. Quirinus

April

Palmsonntag
Gründonnerstag
Karfreitag
Ostern
1. Scherztag
2. Rosamunde von Vernon
3. Christian
4. Ambrosius
5. Vinzenz Ferrer
8. Amantius
9. Waltraud
10. Ezechiel, Prophet
14. Justinus
14. Tiburtius
15. Kuckuckstag
23. Georg
24. Fidelis
25. Markus
25. Erwin
27. Petrus Canisius
28. Vitalis
29. Petrus der Märtyrer
30. Katharina von Siena

Mai

Die Drei Bittage
Christi Himmelfahrt
Pfingsten
Dreifaltigkeitssonntag
Walpurgisnacht
1. Philippus und Jakobus, Apostel
3. Kreuzauffindung
4. Florian
7. Stanislaus
8. Achatius
10. Gordian und Epimachus
11. Mamertus
Eisheilige
12. Pankratius
13. Servatius
14. Bonifatius
15. Sophie
16. Johannes Nepomuk
24. Esther
25. Urban
31. Petronilla

Juni

Fronleichnam
1. Fortunatus
2. Erasmus
6. Norbert
8. Medardus
10. Margareta von Ungarn
11. Barnabas
13. Antonius von Padua
14. Basilius
15. Vitus
16. Benno
19. Gervasius
24. Johannes der Täufer
26. Vigilius
26. Johannes und Paulus, Märtyrer
27. Siebenschläfer
29. Petrus und Paulus

Juli

2. Mariä Heimsuchung
3. Irenäus
4. Ulrich
8. Kilian
10. Siebenbrüder
10. Amalia
12. Hermagoras und Fortunatus
12. Johannes Gualbertus
14. Bonaventura
15. Apostelteilung
17. Alexius
19. Vinzenz von Paul
20. Margareta von Antiochia
20. Elias
22. Maria Magdalena
23. Apollinarius
25. Jakobus der Ältere, Apostel
25. Christophorus

25. Willebold
26. Anna
27. Pantaleon
29. Martha
29. Beatrix (Beate)
29. Flora

29. Ladislaus
29. Lucilla
29. Olaf II.
31. Ignatius
23. 7.–24. 8. Hundstage

August

1. Petri Kettenfeier
3. Lydia
4. Dominikus
5. Mariä Schnee
5. Oswald
6. Christi Verklärung
7. Afra
8. Cyriakus
10. Laurentius
12. Klara
13. Hippolyt
13. Kassian
15. Mariä Himmelfahrt
16. Joachim

16. Rochus
18. Agapitus
19. Sebaldus
19. Ludwig von Toulouse
20. Bernhard
21. Balduin
24. Bartholomäus
25. Ludwig IX.
27. Gebhard
28. Augustinus
29. Johannes' Enthauptung
30. Felix von Rom
31. Raimund

September

Altweibersommer
1. Aegidius
1. Verena
4. Rosalia
5. Laurentius Justinianus
6. Magnus
7. Regina
8. Mariä Geburt
9. Gorgonius
11. Protus
12. Mariä Namen

13. Tobias
13. Notburga
14. Kreuzerhöhung
15. Mariä Schmerzen
16. Cornelius
16. Cyprian
16. Ludmilla
17. Lambert
17. Hildegard
20, Eustachius
21. Matthäus

22. Mauritius
23. Thekla
24. Virgilius
25. Kleophas
25. Nikolaus von der Flüe

27. Kosmas und Damian
27. Hiltrud
28. Wenzeslaus
29. Michael, Erzengel
30. Hieronymus

Oktober

1. Remigius
2. Leodegar
4. Franz von Assisi
6. Bruno
8. Pelagia
9. Dionysius
13. Koloman
14. Burkhard
15. Theresia von Ávila
16. Gallus

16. Hedwig
18. Lukas
20. Wendelin
21. Ursula
23. Severin von Köln
25. Crispinus
26. Albin
28. Simon und Judas Thaddäus, Apostel
31. Wolfgang

November

1. Allerheiligen
2. Allerseelen
3. Hubertus
4. Karl Borromäus
6. Leonhard
11. Martin
12. Martin I.
15. Leopold
15. Albertus Magnus
16. Otmar
17. Salome

17. Gertrud von Helfta
19. Elisabeth
21. Mariä Opferung
22. Cäcilia
23. Klemens
23. Kolumban
25. Katharina von Alexandrien
26. Konrad von Konstanz
29. Saturnin
30. Andreas, Apostel

Dezember

1. Eligius
2. Bibiana
3. Franz Xaver
4. Barbara
5. Gerald
6. Nikolaus
8. Mariä Empfängnis
11. Damasus I.
13. Lucia
16. Adelheid
17. Lazarus

18. Wunibald
21. Thomas
24. Heiligabend – Adam und Eva
25. Weihnachten – Geburt des Herren
25. 12. – 6. 1. Rauhnächte
26. Stephanus
27. Johannes, Evangelist
28. Unschuldige Kinder
31. Silvester

Heiligenregister

Achatius 8. 5.
Adam 24. 12.
Adelheid 16. 12.
Adelgundis 30. 1.
Aegidius 1. 9.
Afra 7. 8.
Agapitus 18. 8.
Agatha 5. 2.
Agnes 21. 1.
Albert der Große 25. 11.
Albin 26. 10.
Albinus 1. 3.
Alexander 26. 2.
Alexius 17. 7.
Allerheiligen 1. 11.
Allerseelen 2. 11.
Amalia 10. 7.
Amantius 8. 4.
Ambrosius 4. 4.
Andreas 30.11.
Anna 26. 7.
Antonius der Einsiedler 17. 1.
Antonius von Padua 13. 6.
Apollinarius 23. 7.
Apollonia 9. 2.
Apostelteilung 15. 7.
Augustinus 28. 8.

Balduin 21. 8.
Barbara 4. 12.
Barnabas 11. 6.

Bartholomäus 24. 8.
Basilius 14. 6.
Beatrix (Beate) 29. 7.
Benedikt 21. 3.
Benno 16. 6.
Bernhard 20. 8.
Berthold 29. 3.
Bibiana 2. 12.
Blasius 3. 2.
Bonaventura 14. 7.
Bonifatius 14. 5.
Bruno 6. 10.
Burkhard 14. 10.

Cäcilia 12. 11.
Christian 3. 4.
Christi Verklärung 6. 8.
Chistophorus 25. 7.
Cornelius 16. 9.
Crispininus 25. 10.
Cyprian 16. 9.
Cyriakus 8. 8.

Damasus I. 11. 12.
Damian 27. 9.
Dionysius 9. 10.
Dominikus 4. 8.
Dorothea 6. 2.
Dreikönige 6. 1.

Eisheilige 11. 5. – 16. 5.

Elias, Prophet 20. 7.
Eligius 1. 12.
Elisabeth 19. 11.
Epimachus 10. 5.
Erasmus 2. 6.
Erhard 8.1.
Erwin 25. 4.
Esther 24. 5.
Eulalia 12. 2.
Eusebius von Rankweil 31. 1.
Eustachius 20. 9.
Eva 24. 12.
Ezechiel 10. 4.

Fabian 20. 1.
Felizitas 6. 3.
Felix von Metz 21. 2.
Felix von Rom 30. 8
Fidelis 24. 4.
Flora 29. 7.
Florian 4. 5.
Fortunatus 1. 6.
Fortunatus 12. 7.
Franz von Assisi 4. 10.
Franz Xaver 3. 12.
Franziska 9. 3.
Fridolin 6. 3.

Gabriel 24. 3.
Gallus 16. 10.
Gebhard 27. 8.
Genoveva 3. 1.
Georg 23. 4.
Gerald 5. 12.
Gertrud von Helfta 17. 11.
Gertrud von Nivelles 17. 3.
Gervasius 19. 6.
Gordian 10. 5.
Gorgonius 9. 9.

Gregor I. der Große 12. 3.
Gregor von Nyssa 9. 3.

Habakuk 15. 1.
Hedwig 16. 10.
Heiligabend 24. 12.
Hermagoras 12. 7.
Hieronymus 30. 9.
Hilarius 13. 1.
Hildegard 17. 9.
Hippolyt 13. 8.
Hubertus 3. 11.

Ignatius 31. 7.
Irenäus 3. 7.

Jakobus der Ältere 25. 7.
Jakobus der Jüngere 1. 5.
Joachim 16. 8.
Johannes Evangelist 27. 12.
Johannes Gualbertus 12. 7.
Johannes, Märtyrer 26.6.
Johannes Nepomuk 16. 5.
Johannes der Täufer 24. 6. und 29. 8.
Josef 19. 3
Judas Thaddäus 28. 10.
Julian 9. 1.
Justinus 14. 4.

Karl Borromäus 4. 11.
Kasimir 4. 3.
Kassian 13. 8.
Katharina von Alexandrien 25. 11.
Katharina von Siena 30. 4.
Kilian 8. 7.
Klara 12. 8.
Klemens I. 23. 11.

Heiligenregister

Kleophas 25. 9.
Koloman 13. 9.
Kolumban 23. 11.
Konrad Einsiedler 19. 2.
Konrad von Kostanz 26. 11.
Kosmas 27. 9.
Kreuzauffindung 3. 5.
Kreuzerhöhung 14. 9.
Kunigunde 3. 3.

Ladislaus I. 29. 7.
Lambert 17. 9.
Laurentius 10. 8.
Laurentius Justinianus 5. 9.
Lazarus 17. 12.
Leander 27. 2.
Leodegar 2. 10.
Leonhard 6. 11.
Leopold 15. 11.
Lucia 13. 12.
Lucilla 29. 7.
Ludger 26. 3.
Ludmilla 16. 9
Ludwig IX. 25. 8.
Ludwig von Toulouse 19. 8.
Lukas 18. 10.
Lukretia 15. 3.
Lupicinius 21. 3.
Lydia 3. 8.

Magnus 6. 9.
Makarios von Alexandria 2. 1.
Mamertus 11. 5.
Marcellus I. 16. 1.
Margareta von Ungarn 10.6.
Margareta von Antiochia 13.7.
Mariä Empfängnis 8. 12.
Mariä Geburt 8. 9.
Mariä Heimsuchung 2. 7.

Maria – Hochfest der Gottesmutter 1. 1.
Mariä Himmelfahrt 15. 8.
Mariä Lichtmess 2. 2.
Mariä Namen 12. 9.
Mariä Opferung 21. 11.
Mariä Schmerzen 15. 9.
Mariä Schnee 5. 8.
Mariä Verkündigung 25. 3.
Maria Magadalena 22. 7.
Markus 25. 4.
Martha 29. 7.
Martin 11. 11.
Martin I. 12. 11.
Martina 30. 1.
Marzellus 16. 1.
Mathilde 14. 3.
Matthäus 21. 9.
Matthias 24. 2.
Mauritius 22. 9.
Medardus 8. 6.
Michael 29. 9.

Neujahr – Hochfest der Gottesmutter 1.1.
Nikolaus 6. 12.
Nikolaus von der Flüe 25. 9.
Norbert 6. 6.
Notburga 13. 9.

Olaf II. 29. 7.
Oswald 5. 8.
Otmar 16. 11.
Otto 23. 3.

Pankratius 12. 5.
Pantaleon 27. 7.
Paul der Einsiedler 10. 1.
Pauli Bekehrung 25. 1.

Paulus, Apostel 29. 6.
Paulus, Märtyrer 26. 6.
Pelagia 8. 10.
Perpetua 6. 3.
Petri Kettenfeier 1. 8.
Petri Stuhlfeier 22. 2.
Petronilla 31. 5.
Petrus, Apostel 29. 6.
Petrus Canisius 27. 4.
Petrus der Märtyrer 29. 4.
Philippus 1. 5.
Protus 11. 9.

Quirinus 30. 3.

Raimund 31. 8.
Regina 7. 9.
Remigius 1. 10.
Rochus 16. 8.
Romanus 28. 2.
Rosalia 4. 9.
Rosamunde von Vernon 2. 4.
Rosamunde/Rosina 11. 3.
Rupert 27. 3.

Salome 17. 11.
Saturnin 29. 11.
Sebaldus 19. 8.
Sebastian 20. 1.
Servatius 13. 5.
Severin von Köln 23. 10.
Severin von Noricum 8. 1.
Sibylle 19. 3.
Siebenbrüder 10. 7.
Sieben Gründer 12. 2.
Siebenschläfer 27. 6.
Siebenschmerzenfest 15. 9.
Silvester I. 31. 12.
Simeon 16. 2.

Simon, Herrenbruder 18. 2.
Simon, Apostel 28. 10.
Sophie 15. 5.
Stanislaus 7. 5.
Stephanus 26.12.

Thekla 23. 9.
Theobald 16. 1.
Theresia von Avila 15. 10.
Thomas 21. 12.
Tiburtius 14. 4.
Timotheus 24. 1.
Tobias 13. 9.

Ulrich 4. 7.
Unschuldige Kinder 28. 12.
Urban I. 25. 5.
Ursula 21. 10.

Valentin 14. 2.
Valerius 29. 1.
Verena 1. 9.
Vierzigritter 10. 3.
Vigilius von Trient 31. 1. und 26. 6.
Vinzenz Ferrer 5. 4.
Vinzenz von Paul 19. 7.
Vinzenz von Saragossa 22. 1.
Virgilius 24.9.
Vitalis 28. 4.
Vitus (Veit) 15. 6.

Walburga 25. 2.
Waltraud 9. 4.
Wendelin 20. 10.
Wenzeslaus 28. 9.
Willebold 25. 7.
Wolfgang 31. 10.
Wunibald 18. 12.

Quellenangaben und Literaturhinweise

Abeln, Reinhard: Die Vierzehn Nothelfer. Ihr Leben und ihre Verehrung (= topos taschenbücher 840). Kevelaer 2. Aufl. 2016.

Alpenhorn-Kalender, Langnau (1940; 1948; 1949; 1950; 1957; 1960; 1962).

Arbeiterfreund-Kalender, Bern (1921).

Baller, Kurt: Abendrot–Gutwetterbot. 1000 Bauern- und Wetterregeln. München 1992.

Baltes, Gisela/Hartmann, Gerhard/Stratmann, Maria Andrea: Mit den Heiligen von Tag zu Tag (= topos taschenbuch 771). Kevelaer 2011.

Becker-Huberti, Manfred: Zeit ist wie Ewigkeit. Über das Phänomen „Zeit" (= topos taschenbücher 636). Kevelaer 2007.

Bieger, Eckhard/Zimmermann, Helmut: Heilige und ihre Feste (= topos tasschenbuch 514). Kevelaer 2004.

Bieritz, Karl-Heinrich: Das Kirchenjahr. Feste, Gedenk- und Feiertage in Geschichte und Gegenwart. München 1988.

Christlicher Hausfreund Kalender. Stuttgart/Bern (1896; 1898; 1937).

Der Landfreund Kalender. Bern (1941).

Der Pilger Kalender aus Schaffhausen. Schaffhausen (1902).

Der Schweizer Bauer Kalender. Bern (1918; 1925; 1933; 1943; 1945).

Deutscher Familien-Kalender. Wuppertal-Barmen (1931).

Drews, Irene und Gerald (Hg.): Bauernregeln & Spruchweisheiten für jeden Tag. Augsburg 1991.

Familien Wochenblatt-Kalender. Zürich (1932).
Feierabend-Kalender. Münsingen (1948).
Feyerabend, Thomas: Des Himmels und der Erde Zeichen: Feste und Brauchtum das Jahr hindurch. Freiburg i. Br. 1988.
Für Alle-Kalender (1900).

Grütli Kalender. Zürich (1905).

Haberstich, Kurt: Bauernregeln im Jahreslauf – Wettervorhersagen und Bauernweisheiten aus volkstümlicher Sicht. Herisau 1997.
Ders.: Das große Buch der Bauernregeln. Wetterregeln und Naturweisheiten im Jahreslauf. Augsburg 2011.
Haddenbach, Georg: Beliebte Bauernregeln. Niederhausen/Ts 1992/1994.
Handwörterbücher des deutschen Aberglaubens, Band I bis X. Berlin und Leipzig 1927–1942.
Hartman, Otto Ernst: Der römische Kalender. Leipzig 1882 (unver. Ndr., hg. vo Ludwog Lange. Walluf 1973).
Hauser, Albert: Bauernregeln, Eine schweizerische Sammlung. Zürich 1973.
Hinkel, Helmut: Die Diözesanheiligen im deutschsprachigen Raum (= Topos-Taschenbuch 172). Mainz 1987.
Ders.: Die Heiligen (=Topos-Taschenbuch 161). Mainz 1986.

Joggeli-Kalender. Zürich (1940; 1950).

Kostenzer, Helene & Otto: Alte Bauernregeln. Vom Mondeinfluss und Pflanzzeiten, Sprichwörter und Redensarten. Rosenheim 3. Aufl. 2003.
Kleine Zeitung Kalender. Graz (1938, 1939, 1941, 1942).

Leo-Kalender, St. Gallen (1943) XXIII. Jahrgang.
Lussi, Kurt: Wind und Wetter, Die bäuerliche Wettervorhersage und Unwetterabwehr, Wollerau 1994.

Malberg, Horst: Bauernregeln, Aus meteorologischer Sicht. Berlin 1993.
Melchers, Carlo: Das Große Buch der Heiligen: Geschichte, Legenden, Namenstage. München 1999.

Melchers, Erna und Hans: Das Große Buch der Heiligen: Geschichte und Legende im Jahreslauf. München 1978.
Myrbach, Otto: Wanderers Wetterbuch. Leipzig.
National Kalender. Aarau (1927) 98. Jahrgang.
NZZ Folio: Das Wetter. Die Zeitschrift der Neuen Zürcher Zeitung, Nr. 4, April 1995.
Ökumenisches Heiligenlexikon (https://www.heiligenlexikon.de).
Paungger, Johanna/Poppe, Thomas: Vom richtigen Zeitpunkt, Die Anwendung des Mondkalenders im täglichen Leben. München 1994.
Pfarrer Künzle's Volkskalender. Olten (1929; 1935).

Rotzetter, Anton: Lexikon christlicher Spiritualität. Darmstadt 2008.

Schaffhauser Bote Kalender. Schaffhausen (1871).
Schauber, Verena/Schindler, Hans Michael: Heilige und Namenspatrone im Jahreslauf. Augsburg, 1999.
Schmid, Walter: Wetter, Praktische Winke zur Wettervoraussage. Bern.
Schneider, Adolf: Wetter und Bergsteigen, Tatsachen, Erfahrungen, Beobachtungen, Vorhersage. München.
Schweiz. Blindenfreund-Kalender. Bern (1934; 1945; 1950).
Schweizerischer Dorfkalender (1882).
Schweizer Rot-Kreuz-Kalender. Bern (1926; 1935; 1939; 1940; 1942).
Schwikart, Georg: Zwischen Zeit und Ewigkeit. Das Kirchenjahr (= topos taschenbücher 588). Kevelaer 2006.
Seefelder, Maximilian: Christliche Bräuche und Traditionen. Mehr Freude im Leben (= topos taschenbücher 678). Kevelaer 2014.
Seelig, Carl: Die Jahreszyten im Spiegel schweizerischer Volkssprüche. Zürich 1925.
St. Michaels Kalender. Steyl/NL (1938).
St. Galler Kalender. St. Gallen (1894; 1919).
Steuer, Wilfried: Bäuerliche Wetterregeln. 1991.

Torsy, Jakob: Der große Namenstagkalender. Hg. von den liturgischen Instituten Salzburg, Trier, Zürich. Freiburg i. Br. 1976,

Unterweger, Wolf-Dietmar und Ursula: Das kleine Buch der Bauernweisheiten. Würzburg 1995.
Diess.: Wie das Wetter wird. Bauernregeln für heute neu entdeckt. Würzburg 1995.

Wenn der Hahn kräht auf dem Mist ..., Alte Bauernregeln und Bauernweisheiten. Künzelsau 1990.

Wohlgenannt, Hermann: Der Mond und seine Bedeutung in der Astronomie und im Volksglauben. Bregenz 1991.

Zürcher Kalender. Zürich (1938)

topos taschenbücher

Reinhard Abeln

Die Vierzehn Nothelfer

Ihr Leben und ihre Verehrung

144 Seiten

Band 840
ISBN 978-3-8367-0840-1

www.topos-taschenbuecher.de

topos taschenbücher

Gisela Baltes / Gerhard Hartmann /
Maria Andrea Stratmann

Mit den Heiligen von Tag zu Tag

400 Seiten

Band 771
ISBN 978-3-8367-0771-8

www.topos-taschenbuecher.de